乡村振兴系列丛书

生态养猪

实用技术

文贵辉

刘振湘

等

编著

中国林业出版社

图书在版编目(CIP)数据

生态养猪实用技术 / 文贵辉等编著.
-- 北京:中国林业出版社,2019.6(2021.7重印)
(乡村振兴系列丛书)
ISBN 978-7-5219-0121-4

Ⅰ.①生… Ⅱ.①文… Ⅲ.①养猪学 Ⅳ.①S828

中国版本图书馆 CIP 数据核字(2019)第 126550 号

课程信息

中国林业出版社

策划编辑:吴 卉
责任编辑:张 佳 孙源璞
电 话:010-83143561

出版发行 中国林业出版社
邮 编 100009
地 址 北京市西城区德内大街刘海胡同 7 号
印 刷 河北京平诚乾印刷有限公司
版 次 2019 年 8 月第 1 版
印 次 2021 年 7 月第 2 次
字 数 216 千字
开 本 787mm×1092mm 1/16
印 张 9.5
定 价 55.00 元

《生态养猪实用技术》
编委会名单

主　编：文贵辉（湖南环境生物职业技术学院）

刘振湘（湖南环境生物职业技术学院）

副主编：邹振兴（湖南环境生物职业技术学院）

吴支要（湖南环境生物职业技术学院）

刘　伟（湖南农业大学）

编　委：（按姓氏笔画排序）

王　挺（湖南环境生物职业技术学院

文贵辉（湖南环境生物职业技术学院）

刘振湘（湖南环境生物职业技术学院）

刘　伟（湖南农业大学）

李逢振（湖南环境生物职业技术学院）

吴支要（湖南环境生物职业技术学院）

邹振兴（湖南环境生物职业技术学院）

邱伟海（湖南环境生物职业技术学院）

胡　灿（湖南环境生物职业技术学院）

序

　　党的十九大报告提出实施乡村振兴战略，是以习近平同志为核心的党中央着眼党和国家事业全局，对"三农"工作作出的重大决策部署，是决胜全面建成小康社会的重大历史任务，是新时代做好"三农"工作的总抓手。

　　2018年1月，中共中央国务院出台的《关于实施乡村振兴战略的意见》提出了"产业兴旺、生态宜居、乡风文明、治理有效、生活富裕、摆脱贫困"总要求。2018年3月8日，习近平总书记参加山东代表团审议时提出了"产业、人才、文化、生态、组织"五个乡村振兴主要建设内容。

　　我院紧扣乡村振兴总要求和乡村振兴主要建设内容，发挥农林、医卫类的专业特色优势，为推进农民科学素质提升和传播乡村振兴科普知识，组织编写出版"乡村振兴系列丛书"。《生态养猪实用技术大全》《中药材栽培技术与开发》将帮扶贫困人口，促进农村产业兴旺，为实现农村脱贫致富提供技术支撑。《乡村景观生态资源升级保护与开发》《乡村湿地景观资源利用与保护》构建农业开放新格局，改善农村人居环境，打造蓝天、碧水、净土。《农村废弃物利用与处置技术》加强农村突出环境问题综合治理，实现农村生态宜居具有很强的操作性。《庭院设计》《乡村民居设计》《古村落生态文化旅游》将传承农村优秀传统文化，加强农村公共文化建设，建设农村乡风文明提供可借鉴的样本。《农村常见疾病和意外伤害的预防与处理》为推进健康乡村建设提供基础保障。

　　本系列丛书通熟易懂，深入浅出，有助于农业农村系统干部和社会各界学习领会乡村振兴战略，为乡村振兴实践、学习、培训提供参考借鉴。

湖南环境生物职业技术学院校长　左家哺

2019.6.28

前言一

　　我国是养猪大国，养猪业事关国计民生，在社会稳定、经济发展和人们生活中居举足轻重的地位。但在资源消耗过快和环境污染日趋严重等社会问题正困扰和威胁人类社会生存和发展的今天，作为我国农村经济支柱产业之一的养猪业同样面临着来自资源和环境的严峻挑战。如何合理配置和科学利用现有资源、生产高效、低耗、优质的猪肉产品，满足人类多层次的消费需求，同时为解决"三农"问题发挥积极作用，是现代养猪业面临的重大课题。

　　在此背景下，《生态养猪实用技术》一书应运而生。本书以节能减排、生态安全为主线，全面介绍了生态养猪的基本概念、猪种选择、饲养模式、猪场建设、饲料利用、日粮配制、饲养管理、健康养殖、猪场废弃物处理与综合利用以及猪场疫病防控技术等一整套生态养猪新技术。全书内容丰富、充实，理论联系实际，具有科学性、先进性、实用性和可操作性，充分反映出了编著者的务实思路、创业精神和集体智慧，也较为全面地体现了现代养猪业的积极成果，是一部重要的生态养猪科技著作，可供大专院校、科研单位和养猪从业者学习、参考。

　　我高兴地向大家推荐《生态养猪实用技术》一书，愿本书的出版，能有效地推动我国养猪业的健康发展，在提高养猪业技术水平、生产效率、经济效益、社会效益和生态效益等方面产生积极而深远的影响。

张彬

2019.3 于长沙

前言二

当前和今后很长一段时间，农民仍然是农业生产经营的主体。开展农民教育培训，提高农民综合素质、生产技能和经营能力是发展农业和建设社会主义新农村的重要举措。

党中央、国务院高度重视农民教育培训工作，提出了"大力培育新型职业农民"的重要任务。贯彻落实中央的战略部署，提高农民教育培训质量，提高农业经济收入，需要引导农民走出传统的养猪模式，帮助农民扭转生猪养殖中品种结构不合理、品质差、饲养落后、销售不畅、规模效益差、抗风险能力弱、附加值低的局面，尽快适应现代养殖业的发展形势。为了帮助养猪专业户实现致富梦，我们针对农村的养猪现状、农民的饲养水平以及市场对健康生态猪肉的需求，遵循农民教育培训的基本特点和规律，编制了《生态养猪实用技术》培训教材。

猪肉是我国最重要的肉产品之一，市场对猪肉的需求量非常大，据中国肉类协会调查显示，2014年全国肉类需求量同比2012年上涨15%，其中猪肉需求量上涨28%。长期来看，我国猪肉消费需求将逐步进入"量稳质升"阶段。我国猪肉市场仍然处于需求旺盛的局面，特别是无公害、高品质的猪肉十分走俏，出现供不应求的局面。

养猪业是技术性比较强的行业。掌握养猪技术，不但可以减少投资风险，而且可以实现盈利。许多人不敢养猪，是因为害怕失败，害怕亏损，说到底是因为没有完全掌握科学的养猪技术。

本书以农民和基层养殖技术人员为主要对象，力求理论生活化和技术实用化，是一本简单易懂、集科普性和实用性为一体的技术指导书。为方便读者，本书制作了微信二维码，手机扫码即可看到各章节的讲课视频，既可以不限次数、随时随地浏览、学习本教程，也可以书本和视频教程同时使用，相互补充，相互强化，提高学习效率。

本书编写突出科学性、实用性和通俗性，突出农村养殖特点，让农民看得懂，学得透。希望本书能够成为社会主义新农村建设的参考用书，成为提高农民科学文化素养的良师益友，成为农民科学养猪、脱贫致富的好帮手。

　　本书由文贵辉和刘振湘担任主编，邹振兴、吴支要担任副主编，文贵辉、邹振兴、吴支要、王挺、胡灿、李逢振共同编写，湖南农业大学张彬教授、湖南环境生物职业技术学院刘振湘教授、胡永灵教授对本书内容进行了审定，在此一并表示感谢！

　　由于编者水平有限，加之时间仓促，编著中不妥之处在所难免，衷心希望广大读者提出宝贵意见，以期进一步修订和完善。

编者

2019.5

目 录

第一章

生态养猪概述

第一节　猪的生物学特性

猪的生物学特性是指猪所共有的区别于其他动物的内在性质。养猪不了解猪的生物学特性就谈不上科学养猪，只有在饲养生产实践中，不断地认识和掌握猪的生物学特性，并结合现代营养学、良种繁育技术、家畜环境卫生控制与改良等各门学科的先进技术，科学地利用或创造适宜养猪的环境条件，充分发掘猪最大的生产潜力，以便获得较好的饲养和繁育效果，达到安全、优质、高效和可持续发展的目的。

一、繁殖率高，世代间隔短

1. 性成熟早，发情征状明显

猪一般 4~6 月龄达到性成熟，6~8 月龄就可以初次配种，我国地方猪比国外瘦肉型猪早 2~3 个月性成熟，且发情征状明显。如梅山猪的性成熟期在 75d 左右，而地方品种种公猪如内江猪 63 日龄就能产生成熟精子。生产上配种日龄安排在母猪性成熟后的第三个发情期。

2. 妊娠期短，世代间隔短

母猪的妊娠期平均只有 114d（111~117d），一岁时或更短的时间可以第一次产仔。正常情况下猪的世代间隔为 1~1.5 年（第 1 胎留种则为 1 年，第二胎开始留种则为 1.5 年）。

3. 多胎高产

猪是常年发情的多胎高产动物，一年能分娩两胎，若缩短哺乳期，对母猪进行激素处理，可以达到两年五胎或一年三胎。经产母猪平均一胎产仔 10~12 头，比其他家畜要高产。我国太湖猪的产仔数高于其他地方猪种和外国猪种，窝产活仔数平均超过 14 头，个别高产母猪一胎产仔超过 22 头，最高纪录窝产仔数达 42 头。

4. 繁殖潜力大

生产实践中，猪的实际繁殖效率并不算高，母猪卵巢中有卵原细胞约 11 万个，但在它一生的繁殖利用年限内只排卵 400 枚左右。母猪一个发情周期内可排卵 20~30 个，而产仔只有 10~12 头；公猪一次射精量 200~400mL，含精子数约 200~800 亿个，可见，猪的繁殖潜力很大。试验证明，通过外激素处理，可使母猪在一个发情期内排卵 30~40 个，个别的可达 80 个，产仔数个别高产母猪一胎也可达 15 头以上。因此，只要采取适当繁殖措施，改善营养和饲养管理条件，以及采用先进的选育方法，进一步提高猪的繁殖效率是可能的。

5. 种猪利用年限长

猪的繁殖利用年限较长，我国地方猪种公猪可利用 5~6 年、母猪 8~10 年；培育品种和国外引进瘦肉型猪种也能利用 4~5 年。

二、食性广，饲料转化率高

1. 采食性能

（1）杂食性。猪是杂食动物，门齿、犬齿和臼齿都很发达，虽然猪为单胃动物，但胃为单胃动物与反刍动物之间的中间类型，能充分利用各种动植物和矿物质饲料，食性范围很广。

（2）择食性。猪对食物有选择性，能辨别口味，特别喜爱甜食、腥味或带乳香味的食物。

（3）找食性。拱土觅食。

2. 饲料消化利用特点

（1）消化速度快。猪的消化道发达，胃容量为 7~8L，小肠长度为 16~20m，大肠长度为 4~5m，食物通过时间 30~36h，牛的食物通过时间为 168~192h。

（2）不耐粗性。猪为单胃动物，对粗饲料中粗纤维的消化较差，而且饲料中粗纤维含量越高对饲料的消化率也就越低。因为猪胃内没有分解粗纤维的微生物，大肠内也仅有少量微生物可以分解少量粗纤维。但保持饲料中一定含量的粗纤维有助于猪对饲料有机物的消化（延缓排空时间和加强胃肠道的蠕动）和猪的健康（改善肠道微生物群落）。所以，在猪的饲养中，注意精、粗饲料的适当比例，控制粗纤维在饲料中所占的比例，保证饲料的全价性和易消化性。猪对粗纤维的消化能力随品种和年龄不同而有差异，中国地方猪种较国外培育品种具有较好的耐粗饲特性。猪饲料中适宜的粗纤维水平为：一般认为小猪低于 4%，生长育肥猪粗纤维含量不宜超过 8%，成年猪不宜超过 12%。猪对粗纤维的利用率因品种、饲料的消化能、蛋白质水平、粗纤维本身的来源等而异。

（3）饲料转化率高。猪对饲料的转化效率仅次于鸡，而高于牛、羊，对饲料中的能量和蛋白质利用率高。按采食的能量和蛋白质所产生的可食蛋白质比较，猪仅次于鸡，超过牛和羊。猪对精料有机物的消化率为 76.7%，也能较好地消化青粗饲料，对青草和优质干草的有机物消化率分别达到 64.6% 和 51.2%。

三、生长期短，资金周转快

在肉用家畜中，猪和马、牛、羊相比，无论是胚胎期还是出生后生长期都是最短的，而生长强度又是最大的。

1. 胚胎期

猪的胚胎期短（114d），同胎仔猪数又多，母体子宫相对来讲就显得空间不足和供应给每头胎儿的营养缺少。所以，对外界环境的适应能力差，如特别怕冷（要求保温温度在 32~35℃）、易拉稀等，因此，初生仔猪需要精心护理。

2. 胚胎后期

猪出生后 2 个月内生长发育特别快，30 日龄的体重为初生重的 5~6 倍，2 月龄体重为 1 月龄的 2~3 倍，断奶后至 8 月龄前，生长仍很迅速，尤其是瘦肉型猪生长发育快，是其突出的特性。在满足其营养需要的条件下，一般 160~170d 体重达到 90~100kg 可出栏上市，相当于初生重的 90~100 倍。屠宰率高，一般在 70% 以上，肉牛50%~55%，羊 35%。

四、嗅觉和听觉灵敏，视觉不发达

1. 听觉相当发达

猪的听觉相当发达，猪的耳形大，外耳腔深而广，即使很微弱的声响，都能敏锐地觉察到。猪的听觉分析器相当完善，能够很好地认别声音来源，强度，音调和节律，如以固定的呼名、口令、声音和刺激物进行调教，能很快形成条件反射。据此，有人尝试在母猪临产前播放轻音乐，可在一定程度上降低母猪难产的比例。在现代化养猪场，为了避免由于喂料音响所引起的猪群骚动，常采取一次全群同时给料装置，并在饲养管理过程中尽量避免发出较大的声音。

2. 嗅觉非常灵敏

猪的嗅觉非常灵敏，据测定，猪对气味的识别能力高于狗 1 倍，比人高 7~8 倍。凭着灵敏的嗅觉，识别群内的个体、自己的圈舍和卧位，保持群体之间、母仔之间的密切联系。嗅觉在公母性联系中也起很大作用。

3. 视觉不发达

猪的视觉很弱，缺乏精确的辨别能力，视距、视野范围小，不靠近物体就看不见东西，对物体形态和颜色的分辨能力较差，属高度近视力加色弱，据此，生产上通常把并圈时间定在傍晚时进行。可用假母猪进行公猪采精训练。

五、适应性强，分布广

猪从生态学适应性看，主要表现对气候寒暑的适应、对饲料多样性的适应、对饲养方法和方式上的适应，这些是它们饲养广泛的主要原因之一。但是，猪如果遇到极端的变动环境和极恶劣的条件，猪体出现新的应激反应，如果抗衡不了这种环境，生长发育受阻，生理出现异常，严重时会出现病患和死亡。

六、喜清洁，易调教

猪是爱清洁的动物，采食、睡眠和排粪尿都有特定的位置，一般喜欢在清洁干燥处躺卧，在墙角潮湿有粪便气味处排粪尿。若猪群过大，或圈栏过小，猪的上述习惯就会被破坏。

七、小猪怕冷，大猪怕热

小猪怕冷，原因在于初生仔猪大脑皮层调节温度中枢发育不健全，对温度调控能力低下；皮下脂肪少，皮毛稀，散热快；体表面积/体重比值大，单位重量散热快。

大猪怕热，原因在于猪的汗腺退化，散热能力特别差；皮下脂肪层厚，在高温高湿下体内热量不能得到有效地散发；皮肤的表皮层较薄，被毛稀少，对热辐射的防护能力较差。在酷暑时期，猪就喜欢在泥水中、潮湿阴凉处趴卧以散热。高温使公猪精子活力降低，精子数减少；母猪配种后重新发情的头数增多。最适宜温度为 18~23℃。

猪又怕潮湿。在阴暗潮湿的环境下，猪的健康和生长发育受到很大影响，易患感冒、肺炎、皮肤病及其他疾病。特别在高温高湿或在低温高湿的环境条件下，对猪的健康和增重产生更大的不良影响。最适宜的湿度为 65%~75%。

因此，初生仔猪要注意防寒保暖，成年猪要注意防暑降温，同时要保持猪舍干燥通风。

八、定居漫游，群居位次明显

在无猪舍的情况下，猪能自找固定的地方居住，表现出定居漫游的习性。

猪喜群居，同一小群或同窝仔猪间能和睦相处，但不同窝或群的猪新合到一起，就会相互撕咬，并按来源分小群躺卧，几日后才能形成一个有次序的群体，战斗力强的排在前面。猪群越大，就越难建立位次，相互争斗频繁，影响采食和休息。

第二节　生态养猪的重要意义

随着养猪规模化、集约化程度的不断提高，当前，我国养猪业面临着三大难题：一是"质量安全"；二是"效益提高"；三是"环境治理"。由这三大问题直接表现出来的药物残留、能源缺乏、饲料短缺、疫病频繁、环境污染等已成为限制我国养猪业发展的瓶颈因素。

新时期社会主义新农村建设要求畜牧业建设成为环境友好、以人为本、自然社会资源合理利用、产业和谐发展的可持续新型畜牧产业，所以，我们必须从产业与社会等各方面综合考虑适度规模养猪的发展模式和管理方法。为探求解决当前养猪业主要面临质量安全、效益提高和环境治理的"三大难题"，国内外的科研人员一直致力于此项技术的深入研究。他们集养猪学、营养学、环境卫生学、生物学、土壤肥料学于一体，以养猪业为主体进行开发、利用发酵微生物对猪排泄物的科学处理，实行农牧结合，做到科学利用、互相促进、低投入、高产出、无污染的良性循环的养猪系统工程。

一、何为生态养猪

生态养猪又称健康养猪，是根据生态学原理（包括环境生态学、动物微生态学），运用现代科学技术和先进的管理科学、合理利用自然资源、保护生态环境、保持生态平衡，从而实现经济效益、生态效益和社会效益高度统一的一项系统工程。其实质就是要探索建立安全、优质、高效、无公害、符合生态文明理念和环境保护要求的现代养猪生产模式。目前在国家经济社会发展的新常态下，我国养猪业正处在转型升级的关键时期，发展生态养猪是自然的选择，也是养猪业可持续发展的必由之路。发展生态养猪的最终目标是食品安全、公共卫生安全和生态环境安全，为人类提供安全、优质、无公害的动物源性食品，保障人类的健康；发展生态养猪也要有坚强的技术保障和科学的管理措施，才能使养猪业走上规模化、标准化、产业化与生态化养殖发展之路。

二、生态养猪的意义

（一）提升猪肉品质

以往的养猪生产，盲目追求养猪速度，而在饲料中添加的过重抗生素、重金属元素等，这些物质的加入某种程度上影响到猪肉的品质、色泽和口感，从而导致市场销路不好。而推广生态猪养殖技术，很好地避开这些问题，有利于猪肉品质的提升。

（二）解决粪污污染问题

生猪养殖每年都会产生数量巨大的粪污垃圾，这些污染物如果得不到及时处理，对地方的环境将造成严重的污染。而生态养猪技术的推广在某种程度上能很好地解决这一问题。比如沼气池的使用，一则解决环境污染，二则实现了能源的重复利用。

（三）增强养猪市场竞争力

社会经济的迅猛发展，养殖致富逐渐被民众所认可。但是，以往的养猪技术管理粗放，影响养殖品质而降低市场效益。生态养猪技术的推广，借助先进的养猪技术手段，有利于生猪品质的提升，大大增加养猪的经济效益。而对规模化猪场而言，更有利于增强市场竞争力，为走出国门、走向世界提供便利条件。

第三节　生态养猪的技术原理

一、生态养猪的基本原理

现有生态养猪基本饲养模式的饲养管理主要有如下技术关键点：

（一）利用空气对流和太阳高度角原理，因地制宜地建设猪舍

充分利用不同季节空气的流向建设猪舍，辅助设置卷帘机等可调节通风的设施，用以控制猪舍空气的流向和流速。猪舍屋顶及窗充分考虑了太阳的日照规律使其适合养猪生产的需要。

（二）利用生物发酵原理处理粪尿，解决环境污染问题

发酵床成为发酵微生物高效的繁殖场，是生态养猪技术的核心。所使用的发酵微生物有益菌大量繁殖，由于其生长繁殖，迅速降解、消化了猪只排泄物，从而达到了处理猪场粪污的效果。

（三）利用温室和"凉亭子效应"，改善猪只体感温度

冬季将保温卷帘放下，整个猪舍成为一个保暖温室，同时发酵床也产生相当热量，使猪只腹感温度有很好的改善。同样，在夏季，由于窗户几乎全敞开，形成了扫地风、穿堂风等类似凉亭子的效果，结合垫料的合理管理，猪只感觉非常凉爽。

（四）利用有益菌占位原理，增强猪只抗病力，提高饲养效率和猪肉品质

病原菌致病的基础是病原菌达到相当的浓度，由于生态养猪，发酵微生物等有益菌的大量繁殖，在垫床上、空气中甚至猪舍的各个角落都弥漫着有益菌，使有益菌成为优势菌群，成为阻挡病原菌的天然屏障。及时极少量病原菌的刺激，使猪只产生特异性免疫反应，从而使猪只能够形成坚强的保护力。

上述四大关键技术，并不是单一作用，而是同时综合作用于生态养猪生产的全过程，互为补充、相互相承。

二、生态养猪基本技术

（一）品种选育

目前国内已经陆续自国外引进了多种猪品种。引进的猪种具有长势较好，瘦肉率高的特点。但是在口感上难以满足国民的口味。而国内的生态猪，口感、风味能好很多。但是养殖效率稍逊不少。喂料满足生态养猪的需求，生态猪养殖的品种选育上，可借鉴杂交技术，实现不同品种间的结合，既满足生长发育要求，又适合民众口感要求。

（二）科学的场址选择

场址的选择是建设生态养猪场的重要环节。选址时必须注意以下几点：一是符合当地政府部门对城乡村落及养殖业的整体规划。二是要远离人口聚集地，如居民区、工厂等。同时要与铁路、公路等交通主干线保持一定的距离；场址周边不能有垃圾填埋场及污水处理厂；场址要在居民区的下风口方向，尽量选择地势较高且交通便利处，确保附近有充足的清洁水源和电力供应。如果散养，应尽量选择独立的丘陵地带。

（三）养殖管理

生态养猪不同其他，养殖管理过程中，要综合考虑气候因素、地理环境因素，同时，不能忽略具体位置的电力、饮水等细节问题。在此基础上，不断优化养殖管理技术。而国内生态养猪的一些技术几近完善，比如仔猪早期断奶技术、不同猪种的分开饲喂、根据不同生长阶段发育特点制定对应的饲喂体制等。除此之外，很重要的一点就是生态猪的放养，定期进行放养放牧，除增强猪群抗病体质外，对改善肉质、口感等同样较好。

（四）控制食物的来源

在运用生态猪养殖技术的过程中，对于生态猪食用的食物来说，生态猪食用的主要是天然的有机农田饲料，因此，在实施生态猪养殖技术时，相关的工作人员应控制好生态猪食用食物的来源。值得注意的是，在此过程中相关的工作人员应注重有机农田饲料的循环

性，让生态猪在养殖过程中食用完有机饲料后，其产生的粪便可以成为补充有机农田的肥料，让生态猪可以与有机农田之间形成一个具有连续性与循环性的生态圈。

（五）生态养猪繁殖技术

生态养猪繁殖技术要求改良猪种，提高种猪的生产性能。首先，母猪要选择性成熟早、发情明显、适应强、排卵多、受胎率高、产仔多的优良品种。掌握母猪发情排卵规律，控制母猪的分娩，对母猪进行定期妊娠诊断，生殖免疫等。最重要的是做好母猪生产应激预防，尽可能采用自然分娩的方式，在母猪孕期和分娩过程中需要严格控制激素和抗生素的使用量。

（六）污染物的处理

规模化的猪场产生的粪尿等污染物应该及时排出，不能随意排放。随意处理污染物，首先污染自然环境，导致猪舍附近的地表被破坏，周围的空气和水质差；其次，其产生的污染物会导致疾病的传播，从而降低猪的生产效益。所以，对于粪尿、发病动物等应该及时进行无害处理，达到保护生态环境、提高养猪效益的目的。

（七）控制抗生素使用量

我国每年生产的抗生素原料中，有近一半被用于畜牧养殖业。由于长期大量地添加和使用抗生素，"超级细菌"已经开始出现。抗生素的过度使用还会造成药物严重残留及对环境的污染，并诱发猪只免疫力下降，从而对食品安全及人类健康造成严重的威胁。之所以提倡生态养猪，就是为了避免以上情况的出现。生态养猪应该防止滥用抗生素的情况出现，严格管控抗生素的使用量。生态养猪大力提倡使用绿色添加剂和生物饲料，兽药采用安全无残留的中药制剂与生物兽药。

（八）疾病防治

生态养猪也需要定期给猪只接种疫苗。养猪中的常见疾病是限制养猪业发展的重要因素，疾病预防和治疗是非常重要的。生态养猪疾病预防可以减少经济损失，提高畜产品的质量。预防疾病首先要保持猪舍干净、通风。其次，要合理规划饲养的密度，及时处理粪尿污染物，从源头上减少发病的几率。最后，猪接种疫苗要根据实际情况，结合猪传染病爆发的时间来安排。最主要的是做到预防为主，治疗为辅。定期给生猪进行疫苗的接种，保证生猪的安全，从而让人们在餐桌上吃到安全、放心、健康的猪肉制品。

（九）树立绿色环保概念

生态养猪需要良好的环境支持，养殖者要对猪圈和周边环境进行有效的管理，对猪粪做发酵处理，防止对周边土地造成污染。污水严禁直接排放至河道内，必须经由地下水道流入废水处理池。同时，在猪肉制品生产、加工、运输及出售的每一个环节都要严格监控病原微生物，保证为消费者提供绿色健康、肉质鲜美的猪肉产品，打造生态养猪绿色健康品牌。

第四节　生态养猪的发展趋势

生态猪养殖技术是当代养殖业现代化的重要标志，生态猪养殖技术属于一种绿色且无公害的养猪技术，使用了生态猪养殖技术的养殖的猪，其猪肉的口感与肉质感都比较好，所以运用生态猪养殖技术有极其重要的作用，其不仅可以优化当前养殖户的养猪技术，而且还可以促进当前养猪产业结构的转型。

一、完善农村的免疫点，推广生态猪养殖技术

当前，在我国生态猪养殖技术的推广中，相关政府部门较为容易忽视对免疫管理点的设立，缺少了农村免疫管理点将使得农户在运用生态猪养殖技术过程中对一些猪瘟等普通疫病无法正常进行控制工作，同时，农村免疫管理点的缺失也将不利于生态猪养殖技术的推广。

二、采用散养的养殖模式

生态猪养殖技术与传统的养猪方式最大的区别在于生态猪养殖技术的实施必须采用散养的模式，在散养模式中，将扩大生态猪活动的范围，增加生态猪的运动量，使其可以自由、随时随地的进食，这将有利于生态猪的养殖，有利于提高生态猪猪肉的质量。所以，在生态猪养殖的过程中，应为生态猪养殖技术的实施提供有利的散养养殖场地，使得散养养殖场地可以与自然条件相结合，并保障散养养殖场可以有一个完整的生态链。

三、运用远程监控技术

由于生态猪养殖技术的实施需要一定的散养养殖场地，过大的养殖场地加大了生态猪养殖控制的难度，所以，运用远程监控技术来辅助生态猪养殖技术的实施势在必行。在运用远程监控技术时，可以运用自动检测控制器来实现对生态猪的远程监控，相关的工作人员可以将自动检测控制器安装在猪舍中，并设置好相关的参数，如对养殖的温度及湿度进行参数的设置，而后进行远程监控，使之方便工作人员应用于生态猪养殖技术的相关工作。

四、利用中草药预防疫病，提高抗病力

近些年来，随着人们环保与生活质量意识的不断增强，人们对生态猪的各项指标都有越来越严格的要求，再加上近些年中草药领域的重大突破，越来越多的价格低廉、数量充足的中草药被运用于动物的日常饲养之中，通过在生态猪的日常饲养之中科学的加入各种预防疫病的中草药，大大提高了生态猪的抗病能力，从而避免了对各类抗生素的使用，这对生态猪的肉质及各项食用指标都是有积极的促进意义，这种环保有效的饲养方式，大大符合了现代消费者绿色、可持续发展的理念，对于国民生体健康也产生积极的长远影响，所以，在未来的生猪养殖当中，加大对中草药的投入，是生态猪养殖技术的必然趋势，也

可满足消费者的需求。

　　随着人们生活质量的不断提高，人们对食品安全越来越重视，这就要求我们应运用好生态猪养殖技术。向我国广大的农民朋友普及生态猪养殖技术是我国一项重大的民生工程，也是构建"两型社会"的必然要求。

第二章
生态猪场的规划与建筑设计

生态养猪场场址选择与总体布局是猪场建设的第一步，是决定猪场今后能否取得良好效益的基础，而且养猪场的卫生防疫与场址选择、总体布局等分不开。

第一节　生态养猪场的场址选址

生态养猪建筑设计同传统集约化猪场场址无大差异，比传统猪舍更趋灵活，主要应综合考虑分析地理位置、地势与地形、土质、水、电以及占地面积等问题。

一、地势地形选择

地势应高燥，地下水位应在2m以下，以避免洪水威胁和土壤毛细管水上升造成地面潮湿。地面应平坦而稍有缓坡，以便排水，一般坡度在1%~3%为宜，最大不超过25%。

地势应避风向阳，减少冬春风雪侵袭，故一般避开西北方向的山口和长形谷地等地势；为防止在猪场上空形成空气涡流而造成空气的污浊与潮湿，猪场不宜建在谷地和山坳里。

地形要开阔整齐，有足够的面积。一般按可繁殖母猪每头45~50m²考虑。

二、土质选择

猪场场地土壤的物理、化学、生物学特性，对猪场的环境、猪的健康与生产力均有影响。一般要求土壤透气、透水性强，毛细管作用弱，吸湿性和导热性小，质地均匀，抗压性强，且未曾受过病原微生物污染。

三、水源水质选择

猪场需有可靠的地下水源，保证水量充足，水质良好，取用方便，易于防护，避免污染。

四、电力与交通选择

选择场址时，应重视供电条件，特别是集约化程度较高的大型猪场，必须具备可靠的电力供应，并具有备用电源。

猪场的饲料、产品、粪便等运输量很大，所以，场址应选在农区，交通必须方便，以保证饲料就近供应，产品就近销售，粪尿就地利用处理，以降低生产成本和防止污染周围环境。

五、防疫方面

选择场址时，应重视卫生防疫。交通干线往往是疫病传播的途径，因此，场址既要交通方便，又要远离交通干线，一般距铁路与国家一二级公路不应少于 300m，最好在 1000m 以上，距三级公路不少于 150m，距四级公路不少于 50m。

六、面积要求

猪场生产区面积一般可按繁殖母猪每头 45~50m² 或上市商品育肥猪每头 3~4m² 考虑，猪场生活区、行政管理区、隔离区另行考虑，并须留有发展余地。一般一个年出栏 1 万头肥猪的大型商品猪场，占地面积 3 万 m² 为宜。

第二节　生态猪场的布局

一、总体布局的原则

（一）利于生产

猪场的总体布局首先满足生产工艺流程的要求，按照生产过程的顺序性和连续性来规划和布置建筑物，有利于生产，便于科学管理，从而提高劳动生产率。

（二）利于防疫

规模猪场猪群规模大，饲养密度高。要保证正常的生产，必须将卫生防疫工作提高到首要位置。一方面在整体布局上应着重考虑猪场的性质、猪只本身的抵抗能力、地形条件、主导风向等几个方面，合理布置建筑物，满足其防疫距离的要求；另一方面当然还要采取一些行之有效的防疫措施。自然养猪法应尽量多地利用生物性、物理性措施来改善防疫环境。

（三）利于运输

猪场日常的饲料、猪及生产和生活用品的运输任务非常繁忙，在建筑物和道路布局上应考虑生产流程的内部联系和对外联系的连续性，尽量使运输路线方便、简洁、不重复、不迂回。

（四）利于生活管理

猪场在总体布局上应使生产区和生活区做到既分隔又联系，位置要适中，环境要相对安静。要为职工创造一个舒适的工作环境，同时又便于生活、管理。

二、猪场场区布局

猪场建筑物布局时需考虑各建筑物间的功能关系，如卫生防疫、通风、采光、防火、节约用地等。

规模猪场的总体布局一般分为生产区、生活区和隔离区三个功能区。三个功能区布局上必须做到既相对独立，又相互联系；生产区内料道、粪道分开；生产区各类猪舍排列有序，如在坡地建场，应按照风向与地势，自上而下，种猪舍应位于上风向，育肥舍位于下风向，按公猪舍、母猪舍、仔猪舍、育肥猪舍的顺序排列。育肥猪舍应靠近场区大门，以便于出栏。隔离区设在生产区的最下风向低处。生产区是猪场的主体部分，应与生活区、废弃物处理区严格隔离，生产区设有独立围墙，包括各种猪舍、更衣洗澡消毒室、消毒池、药房、赶猪跑道、出猪台。隔离区主要包括隔离猪舍、兽医室、尸体剖检和处理设施、粪污处理及贮存设施等，应位于猪场的下风向。粪便采用人工清粪，污水通过专用管道输入集污池，然后通过沼气发酵或者生态处理模式，降低污水浓度后，再做进一步处理。

猪场的道路应设置南北主干道，东西两侧设置边道，道路应设净道和污道，并相互分开，互不交叉。场区的粪沟、污水沟和雨水沟分离，分设在污道一端。水塔的位置应尽量安排在猪场的地势最高处。为了防疫和减少噪音的需要，猪场道路两旁、猪舍与猪舍之间及场区外围应有绿化。人流、物流、动物流应采取单一流向，防止环境污染和疫病传播。设立隔离消毒设施，如双重隔离带、消毒池、紫外线消毒室等，形成一个良好的生态环境。

三、猪舍类型选择

猪舍按屋顶形式、墙壁结构与窗户以及猪栏排列等分为多种类型。

（一）按猪舍屋顶的结构形式分类

可分为单坡式、双坡式、联合式、钟楼式、半钟楼式、平顶式、拱顶式等。

（二）按墙壁结构与窗户有无分类

可分为开放式、半开放式和密闭式。

（三）按猪栏排列方式分类

可分为单列式、双列式、多列式。

第三节　发酵床生态养猪猪舍建造

发酵床养猪猪舍结构的要求与传统猪舍基本一致，特殊之处在于增加了前后空气对流窗，合理设置垫料池。

一、猪舍的建设原则

（1）猪舍安排严格按照饲养的工艺流程来进行安排，如配种舍（种公猪和空怀母猪）→妊娠舍→分娩舍→仔猪保育舍→生长猪舍→育肥猪舍。种猪舍位于上风向，育肥猪舍位于下风向，（注意观察当地经常性风向）。

（2）注重舍内通风与换气，必要时可以装电动排风扇，注意排风扇是吸收外面的空气外里面吹，实践证明这种方法换气速度快、节省换气电能。

（3）猪舍的走向，尽量与夏天最多的风向平行，以使风能从猪舍中纵向通过。

（4）生态垫料养猪冬天容易保温，夏天则要注意防暑降温，如顶部要用不透光和反光的遮阳布，同时为了防止早晚斜阳照射引起温度过高，在猪舍的东西两面，特别是西面，使用帘布或黑篷布遮阳，也可以种植阔叶树木。

（5）发酵床的建筑可以尽量简单化，可以使用大棚式猪舍，如建造一个 150m² 左右的面积，养猪规模 100 头的育肥猪的养猪大棚，只需投资 1 万元左右，如果使用旧猪栏改造成本就更低。

（6）发酵床养猪猪舍也可以在原建猪舍的基础上稍加改造就行，一般要求猪舍充分采光、通风良好，南北可以敞开，建议通常每间猪圈净面积至少 20m²（可根据具体情况调节，但建议猪舍以不低于 10m² 为宜，母猪栏可以适当缩小），每 20m² 面积可饲养肉猪 15 头左右，屋面朝南面的中部具有可自由开闭的窗子，这样可使猪舍内部的微生物更适宜地生长繁殖，利于发酵。

食槽和饮水器的设置：北侧建自动给食槽，南侧建自动引水器，这样做的目的是让猪多活动，在来回吃食与饮水中搅拌了垫料。饮水器的下面要设置一个接水槽，将猪饮水时漏掉的水引出发酵床之外，防止漏水进入发酵床中，这点非常重要。

（7）注意在猪场中建设一到两栏隔离栏。隔离栏远离发酵床栏舍，一旦发现疑似（传染病）病猪，及时进行隔离饲养，观察并及时治疗。

二、发酵床建设

发酵床分完全地下式、地上式、半地下三种方式。

（一）地下式发酵床

应该下挖 60~100cm 左右（南方浅，北方深），铺上垫料后与地面平齐，地面不用打水泥，直接露出泥土即可在上面放垫料。在建筑墙面一侧，要注意砌挡土墙，不能让泥土塌下来，中间的隔墙则直接建在最低泥地上，隔墙高至少 1.8m，其中 0.8m 用于挡住垫料层，1m 用于猪栏的间隔墙。

（二）地上式发酵床

地上式发酵床在周围砌矮墙。发酵床用土地面即可，不用铺水泥，既省钱又能通气，圈舍一般应尽量做成开放式或半开放式。北方应注意避免下雨天将圈舍弄湿，南方应注意地下水不能渗入床内。地基过湿的应采取必要的防渗措施。还要注意大风大雨时防止雨水飘到垫料上。

（三）半地下式发酵床

半地下式发酵床则参考上面两种方式的建造方法，只是地下深挖 30~50cm（视情况而定到底挖多深），保证垫料层高度在 60~100cm 即可。至于半地下式的发酵床，可以灵活掌握。

　　猪舍尽量设计为长方形，最好是设置自动饲料食箱，给发酵床的猪自由采食，将自动饲料食箱和饮水器设置在长方形的两头，便于强制猪运动，以利于搅拌地面垫料，培养不固定排粪尿的习惯，或尽量打乱猪固定地点排粪的习惯。这样能使猪排出的粪尿均匀地被垫料吸收消化，减少人工辅助覆盖。同时也可以在猪栏中放置玩具，如吊起的彩球，比较硬的小蓝球等，让猪玩耍，这样也可以增加搅拌垫料、不固定排粪的作用。

　　发酵床养猪不适合使用立体式，即第二层使用预制板，在预制板上铺上垫料。因为发酵床的垫料一旦不能与地面直接接触地气，将不能形成正常的工作，因此不建议采用。

　　大型的猪场一定要考虑用设置自动食箱，让猪自由式采食，吃多少，落多少料。实践证明，在发酵床使用自由不限量采食的猪生长速度明显快过传统水泥池中的猪，且饲料利用率也高，节约不少饲料。

第三章

猪的品种

优良的种猪是现代化和高效养猪生产的前提和核心，没有好的品种，再好的管理、再好的环境条件、再好的饲料也不能养好猪，取得最佳的经济效益，因此养猪生产者必须深刻认识到良种是提高养猪生产性能和效益的基础，必须按生长快、肉质好、瘦肉多、耗料省、产仔率高、抗逆性强的原则来选择品种。

第一节　我国地方优良猪种

一、八眉猪

八眉猪又称注川猪或西猪。中心产区为陕西径河流域、甘肃陇东和宁夏的固原地区。主要分布于陕西、甘肃、宁夏、青海等省、自治区，在邻近的新疆和内蒙古亦有分布。八眉猪具有适应性强、抗逆性强、肉质好、脂肪沉积能力强、耐粗放管理、遗传性稳定等特点，但八眉猪也存在着生长慢、后躯发育差、皮厚等缺点。

（一）体型外貌

头较狭长，耳大下垂，额有纵行"八"字皱纹，故名八眉。被毛黑色。按体型外貌和生产特点可分为大八眉、二八眉和小伙猪三大类型。

（二）肥育性能

八眉猪生长较慢，肥育期较长。大八眉猪 12 月龄体重才 50kg 左右，2~3 年体重达150~200kg 时屠宰，膘厚 8cm，花板油 20~25kg；二八眉猪肥育期较短，10~14 月龄、体重 75~85kg 时即可出槽；小伙猪 10 月龄、体重 50~60kg 时即可屠宰。肥育期日增重为458g，瘦肉率为 43.2%。八眉猪的肉质好，肉色鲜红，肌肉呈大理石纹状，肉嫩，味香，胴体瘦肉含蛋白质 22.56%，眼肌的 pH 值为 6.71。

（三）繁殖性能

公猪性成熟早，30 日龄左右即有性行为。公猪 10 月龄体重 40kg 时开始配种。一般利用年限 6~8 年，亦有多达 10 年以上的。母猪于 3~4 月龄（平均 116d）开始发情，发情周期一般为 18~19d，发情持续期约 3d，产后再发情时间一般在断乳后 9d 左右（5~22d）。母猪八月龄体重 45kg 时开始配种。产仔数头胎 6.4 头，三胎以上 12 头。一般利用年限 4

年左右。成年公猪一次射精 250~400mL。

（四）外观图

图 4-1　八眉猪

二、荣昌猪

（一）外貌特征

毛稀、鬃毛粗长，头部黑斑不超过耳部，全身皮毛白色，身躯长，四肢结实，结构匀称，母猪乳头 6~7 对。体型中等，头大小适中，面微凹，耳中等大小而下垂，额面皱纹横行，有漩毛，体躯较长，发育匀称，背腹微凹，腹大而深，臀部稍倾斜，目前按毛色特征分别称为："金架眼""黑眼膛""黑头""两头黑""飞花""洋眼"等，其中"黑眼膛""黑头"约占一半以上。

（二）生产性能

荣昌猪除具有性情温驯、育子力强、适应性好等地方猪种的一般优良特性外，其优良的遗传素质还表现在：

（1）成熟期早，小公猪 36 日龄出现性反射爬跨，62 日龄能采取含有精子的精液，77 日龄能配种使母猪受孕。8 月龄体重达 90kg。

（2）瘦肉率较高。在限饲条件下，75~90kg 体重屠宰，胴体瘦肉率达 46% 左右。

（3）肉质好，荣昌猪肌肉呈鲜红或深红色，大理石纹清晰、分布均匀，肉质评定的各项指标均属优良。

（4）配合力好，具有明显的杂种优势。

（5）皮毛白色，鬃质优良，是我国地方猪种中具有代表性的白色猪种。

（三）外观图

图 4-2　荣昌猪

三、宁乡猪

（一）体型

体型中等。头中等大小，额部有形状和深浅不一的横行皱纹，耳较小、下垂。颈短粗，有垂肉。背腰宽，背线多凹陷，肋骨拱曲，腹大下垂，臀部微倾斜。四肢粗短，大腿欠丰满，多卧系，撒蹄。多数猪后脚较弱而弯曲，飞节内靠。尾尖、尾帚扁平，皮肤松弛。毛粗短而稀，毛色为黑白花。一种体躯上部为黑色，下部为白色，在颈部有一条宽窄不等的白色环带，称"乌云盖雪"；一种中躯上部黑毛被白毛分割为一、二块大黑斑者，称"大黑花"；另一种体躯中部散见数目不一的小黑斑。称"小散花"。按头型可分为三种：狮子头，福字头，阉鸡头。在历史上曾有老鼠头型，因育肥性能差，而被淘汰。

（二）生产性能

平均排卵 17 枚，三胎以上产仔 10 头。肥育期日增重为 368g，饲料利用率较高，体重 75~80kg 时屠宰为宜，屠宰率为 70%，膘厚 4.6cm，眼肌面积 18.42cm^2，瘦肉率为 34.7%。

（三）外观图

图 4-3　宁乡猪

四、香猪

(一) 体型

体躯矮小，头较直，额部皱纹浅而小，耳较小而薄，略向两侧平伸或稍下垂。背腰宽而微凹，腹大，丰圆触地，后躯较丰满。四肢短细，后肢多卧系。皮薄肉细。毛色多全黑，但亦有"六白"或完全"六白"的特征。

(二) 生产特性

公猪生长较慢。4 月龄 7.87kg，6 月龄 16.02kg，母猪 4 月龄 11.08kg，6 月龄 26.29kg。成年母猪体重 41.1kg。性成熟早，公猪 170 日龄配种，母猪 120 日龄初配，头胎产仔 4.5 头，三胎以上 5~6 头。肥育期日增重较好条件下为 210g，香猪早熟易肥，宜于早期屠宰。屠宰率为 65.7%，膘厚 3cm，眼肌面积 12.7cm^2，瘦肉率为 46.7%。肉质鲜嫩宜做腊肉和烤乳猪。

(三) 外观图

图 4-4　香猪

五、两头乌猪

华中两头乌猪产于长江中游和江南平原湖区、丘陵地带，包括湖南沙子岭猪、湖北监利猪和通城猪、江西的赣西两头乌猪和广西的东山猪等地方猪。为我国长江中游地区数量最多、分布最广的猪种。

(一) 体型外貌

华中两头乌猪躯干和四肢为白色，头、颈、臀、尾为黑色，黑白交界处有 2~3cm 宽的晕带，额部有一小撮白毛称笔苞花或白星，头短宽，额部皱纹多呈菱形，额部皱纹粗深者称狮子头，头长直额纹浅细者称万字头或油嘴筒，耳中等大、下垂，监利猪、东山猪背腰较平直，通城猪、赣西两头乌猪和沙子岭猪背腰稍凹，沙子岭猪头尾黑毛区较小，黑色区常以两额角为中心联于头顶，称"点头墨尾"。腹大，后驱欠丰满，四肢较结实，多卧系、叉蹄，乳头多为 6~7 对。

（二）生产性能

生长发育：由于产区分布广，饲养条件不一，类群之间有一定差异，以赣西两头乌和通城猪较小，东山和监利猪较大。6月龄体重，公猪36kg，母猪38kg。6月龄前生长发育较快，2岁到达成年。不同类群的成年母猪，体重为94~124kg，体长工20~129cm，胸围101~119cm。

（三）繁殖性能

据测定，沙子岭公猪45日龄有成熟精子出现，3月龄有配种能力。公猪一般于5~6月龄体重30~40kg开始配种，由于早配和使用过度，一般多利用2~3年。小母猪初次发情在100日龄左右，一般于5~6月龄体重40~50kg配种。初产母猪产仔数为7~8头，三产及三产以上母猪产仔数为11头左右。

（四）肥育性能

在农村饲养条件下，肥育猪8月龄体重可达80kg左右。体重80kg左右的肥育猪，屠宰率71%，胴体瘦肉率41%~44%。

（五）杂交利用

华中两头乌猪做母本与引进的瘦肉型品种杂交，生产商品瘦肉型猪，效果较好。

（六）外观图

图4-5 两头乌猪

六、太湖猪

太湖猪属于江海型猪种，产于江浙地区太湖流域，是我国猪种繁殖力强，产仔数多的著名地方品种。依产地不同分为二花脸、梅山、枫泾、嘉兴黑和横泾等类型。

太湖猪体型中等，被毛稀疏，黑或青灰色，四肢、鼻均为白色，腹部紫红，头大额宽，额部和后驱皱褶深密，耳大下垂，形如烤烟叶。四肢粗壮、腹大下垂、臀部稍高、乳头8~9对，最多12.5对。太湖猪特性如下：

（一）繁殖性能

太湖猪高产性能蜚声世界，尤以二花脸、梅山猪最高。初产平均12头，以产母猪平均 16 头以上, 最高纪录产过 42 头, 太湖猪性成熟早, 公猪 4~5 月龄精子的品质即达成年猪水平。母猪两月龄即出现发情。太湖猪护仔性强, 泌乳力高, 起卧谨慎, 能减少仔猪被压。仔猪哺育率及育成率较高。

(二) 肉质特性

太湖猪早熟易肥, 胴体瘦肉率 38.8%~45%, 肌肉 pH 值为 6.55±0.2, 肉色评分接近 3 分。肌蛋白含量 23.5±2.0%, 氨基酸含量中天门冬氨酸、谷氨酸、丝氨酸、蛋氨酸及苏氨酸比其他品种高, 肌间脂肪含量为 1.37±0.28%, 肌肉大理石纹评分 3 分占 75%, 2 分占 25%。

(三) 外观图

图 4-6　太湖猪

七、东北民猪

(一) 产地与特点

东北民猪是东北地区的一个古老的地方猪种, 有大 (大民猪)、中 (二民猪)、小 (荷包猪) 种类型。目前除少数边远地区农村养有少量大型和小型民猪外, 群众主要饲养中型民猪、东北民猪具有产仔多、肉质好、抗寒、耐粗饲的突出优点。受到国内外的重视。

(二) 品种特征

全身被毛为黑色。体质强健, 头中等大。面直长, 耳大下垂。背腰较平、单脊, 乳头 7 对以上。四肢粗壮, 后躯斜窄, 猪鬃良好, 冬季密生棕红色 绒毛。8 月龄, 公猪体重 79.5kg, 体长 105cm, 母猪体重 90.3kg, 体长 112cm。

(三) 育肥性能

240 日龄体重为 98~101.2kg, 日增重 495g, 每增重 1kg 消耗 混合精料 4.23kg。体重 99.25kg 屠宰, 屠宰率 75.6%。近年来经过选育和改进 日粮结构后饲养的民猪, 233 日龄体重可达 90kg, 瘦肉率为 48.5%, 料肉比为 4.18∶1。

(四) 繁殖性能

3~4 日龄即有发情表现。母猪发情周期为 18~24d, 持续期 3~7d。在农村, 公母猪

6~8月龄，体重50~60kg即开始配种，成年母猪受胎率一般为98%，妊娠期为114~115d，窝产仔数14.7头，活产仔13~19头，双月成活11~12头。

（六）外观图

图4-7　东北民猪

第二节　我国培育的猪种

随着养殖业的发展，我国开始把本国的优良猪种和外国引进的猪种进行了杂交，培育出了一些新型猪种。此类猪种可以说是结合了地方品种适应性强、繁殖力高、肉质好，以及引入品种生长快、胴体瘦肉率高的双重优点，因而很受欢迎。

一、哈尔滨白猪

（一）产地与特点

哈尔滨白猪简称哈白猪。分布于滨州，滨绥和杜佳等铁路沿线。哈白猪在当地杂种白猪选育基础上，于1958年又用引入的苏白公猪杂交二代后，横交固定育成的新品种，属大型肉脂兼用型品种。主要特点是生长快、耗料少，母猪产仔数多和哺育性能好。适于寒冷和粗饲料丰富地区饲养。

（二）品种和特征

全身被毛白色，体型较大。头中等大，颜面微凹，耳直立或稍倾斜（幼猪为直立耳）。背腰平直，腹稍大，不下垂。四肢健壮，体质结实，腿臀丰满，有效乳头6~7对。成年公猪体重200~250kg，成年母猪体重180~200kg。

（三）育肥性能

在平衡饲养条件下，体重15~120kg阶段，平均日增重585g，料肉比3.59∶1，体重115kg屠宰，屠宰率75%左右。眼肌面积30cm²，腿臀比例26%。胴体瘦肉率45%以上。

（四）繁殖性能

母猪初情期为160日龄。发情周期20d左右，发情持续期2~3d。一般母猪在8月龄、体重 90~100kg 时，公猪在 10 月龄、体重 120kg 开始配种。初产母猪平均产仔数 9.4 头，经产母猪平均产仔数 11.3 头。哺育率 90.7%，仔猪 60 日龄窝重 158kg。

（5）外观图

图 4-8　哈尔滨白猪

二、湖北白猪

湖北白猪原产于湖北，主要分布于华中地区。

（一）外貌特征

湖北白猪全身被毛全白，头稍轻、直长，两耳前倾或稍下垂，背腰平直，中躯较长，腹小，腿臀丰满，肢蹄结实，有效乳头 12 个以上。

（二）生产性能

成年公猪体重 250~300kg，母猪体重 200~250kg。该品种具有瘦肉率高、肉质好、生长发育快、繁殖性能优良等特点。6 月龄公猪体重达 90kg；25~90kg 阶段平均日增重0.6~0.65kg，料肉比 3.5∶1 以下，达 90kg 体重为 180 日龄，产仔数初产母猪为 9.5~10.5 头，经产母猪 12 头以上，以湖北白猪为母本与杜洛克和汉普夏猪杂交均有较好的配合力，特别与杜洛克猪杂交效果明显。杜×湖杂交种一代肥育猪 20~90kg 体重阶段，日增重 0.65~0.75kg，杂交种优势率 10%，料肉比（3.1~3.3）∶1，胴体瘦肉率 62% 以上，是开展杂交利用的优良母本。

（三）外观图

图 4-9　湖北白猪

三、北京黑猪

北京黑猪是用巴克夏猪、约克夏猪、苏白猪及河北定县黑猪杂交培育而成。已通过农业部鉴定验收并获得部级技术进步一等奖，被列为国家"瘦肉型猪生产系列工程"项目的母系种猪。北京黑猪主要分布在北京各郊区县。

（一）体型外貌

体型较大，生长速度较快，母猪母性好。与长白猪、大约克夏猪和杜洛克猪杂交效果较好。头大小适中，两耳向前上方直立或平伸，面微凹，额较宽。颈肩结合良好，背腰平直且宽。四肢健壮，腿臀较丰满，体质结实，结构匀称。全身被毛呈黑色。成年公猪体重260kg左右，体长150cm左右；成年母猪体重220kg左右，体长145cm左右。

（二）生长肥育性能

北京黑猪在每公斤配合饲料含消化能12.56~13.4MJ、粗蛋白质14%~17%的条件下饲养，生长肥育猪体重20~90kg阶段，日增重达600g以上，每公斤增重消耗配合饲料3.5~3.7kg。体重90kg屠宰，屠宰率72%~73%，胴体瘦肉率56%以上。

（三）繁殖性能

母猪初情期为6~7月龄，发情周期为21d，发情持续期2~3d。小公猪3月龄出现性行为，6~7月龄、体重70~75kg时可用于配种。初产母猪每胎产崽9~10头，经产母猪平均每胎产崽11.5头，平均产活崽数10头。

（四）外观图

图4-10　北京黑猪

四、新淮猪

新淮猪是用江苏省淮阴地区的淮猪与大约克夏猪杂交育成的新猪种，为肉脂兼用型品种，主要分布在江苏省淮阴和淮河下游地区。具有适应性强、生长较快、产仔多、耐粗饲、杂交效果好等特点。

（一）外型特征

新淮猪全身被毛黑色，仅在体躯末端有少量白斑。头稍长，嘴平直微凹，耳中等大，向前下方倾垂。背腰平直，腹稍大但不下垂，臀略倾斜，四肢健壮，乳头 7 对以上。成年公猪体重 230~250kg，成年母猪体重 180~190kg。

（二）生产性能

新淮猪在以青饲料为主的饲养条件下，肥育猪 2~8 月龄全期日增重为 490g，每公斤增重耗混合料 3.65kg，青料 2.47kg，肥育猪最适屠宰体重 80~90kg。体重 87kg 时屠宰率 71%，膘厚 3.5cm，胴体瘦肉率 45% 左右。新淮猪成年体重，公猪 244.2kg，母猪 185.22kg。性成熟较早，公母猪 3 月龄左右有性行为。初产母猪产仔数 10.5 头，经产母猪产仔数 13.23 头。

（三）外观图

图 4-11　新淮猪

第三节　引入的国外猪种

一、约克夏猪（大白猪）

（一）产地

约克夏猪原产于英国北部的约克郡及其邻近地区。1852 年正式确定为品种，后逐渐分化出大、中、小三型，并各自形成独立的品种，我国最早引入大约克夏猪由原南京中央大学引进。我国饲养的约克夏猪以大型和中型较多。由于大中两型在经济类型、体型、生产性能等方面均有本质差别，实际上已属于两个不同品种。

（二）外貌特征

中约克夏猪全身白色，耳小直立，体躯呈方砖形，头短宽稍凹，颈短，背腰宽，四肢短而强健，属肉脂兼用型。

（三）生产性能

中约克夏猪和大约克夏猪的生产性能比较见表 4-1。

表 4-1　约克夏与大约克夏猪生产性能比较

品种	产仔数	初生重（kg）	60日龄断奶重（kg）	成年公猪体重（kg）	成年母猪体重（kg）	日增（g）	料肉比	膘厚（cm）	瘦肉比（%）
中约克夏（MW）	10头左右	1.2	13~16	160~220	130~200	458	3.99	3.7	44.42
大约克夏（LW）	11~13	1.4	18	300~370	250~330	689~740	2.98~3.28	1.77~2.69	60~65

（四）外观图

图 4-12　约克夏猪（大白猪）

二、长白猪（兰德瑞斯猪）

（一）产地

丹麦，原名兰特瑞斯猪。由于其体躯长，毛色全白，故在我国通称为长白猪。它是在 1887 年用英国大白猪与丹麦本地猪杂交选育成的瘦肉型猪。我国在 1964 年开始从瑞典、英国、荷兰等国引入，在我国分布很多。

（二）外貌特征

头小颈短，嘴筒直，耳大向前倾，体躯特别长，体长与胸围比例约为 10∶8.5，后躯特别丰满，背腰平直，稍呈拱形，皮薄，被毛白色而富于光泽。

（三）生产性能

产仔数 11 头，初生重 1.4kg，60d 断奶体重 8kg。生后 175d 肉猪体重达 90kg，日增重 718~724g，料肉比 2.91，膘厚 2.1~2.8cm，瘦肉率 63%~64.5%。长白猪肋骨多达 17 对（一般猪为 14~15 对）。

（四）优缺点

长白猪具有生长快、饲料利用率高，瘦肉率高等特点，而且母猪产仔较多，奶水较足，断奶窝重较高。自六十年代引入我国后，经过三十余年的驯化饲养，适应性有所提高，分布范围遍及全国。但体质较弱，抗逆性差，易发生繁殖障碍及裂蹄。在饲养条件较好的地区以长白猪作为杂交改良第一父本，与地方猪种和培育猪种杂交，效果较好。

（五）外观图

图 4-13　长白猪（兰德瑞斯猪）

三、杜洛克猪

（一）产地

杜洛克猪是在 1860 年在美国东北部育成的。它的主要亲本是纽约州的杜洛克猪和新泽西州的泽西红毛猪，原来为脂肪型，后来改良成瘦肉型猪。这个猪种于 1880 年建立品种标准，现简称杜洛克猪。

（二）外貌特征

全身被毛为棕红色。头轻小而清秀，耳中等大小，耳根稍立，中部下垂，略向前倾。嘴略短，颊面稍凹，体高而身较长，体躯深广，肌肉丰满，被呈弓形，后躯肌肉特别发达，四肢粗壮结实。

（三）生产性能

产仔数平均 9.78 头，繁殖力稍低，但母性好，性情温和，生长快，生后 153 日龄活重可达 90kg，肥育期间平均日增重在 700g 以上，料肉比 2.91：1，背膘厚 2.9cm，瘦肉率 60% 左右，成年公猪体重 340~450kg，母猪 300~390kg。

（四）优缺点

体质强健，生长快，饲料利用率高，其繁殖性能虽比不上长白猪，但比巴克夏猪佳。用杜洛克猪做终父本时，杂交效果良好。

（五）外观图

图 4-14　杜洛克猪

四、汉普夏猪

（一）产地

原产于比利时，是由比利时长白、英系长白、荷系长白、法系长白、德系长白及丹麦长白猪育成。该种猪于1981年开始从比利时引入我国深圳。

（二）外貌特征

外貌特征与长白猪极为相似，毛色全白，耳长大，前倾，头肩较轻，体躯较长，后腿和臀部肌肉十分发达，四肢比长白猪粗短，嘴筒也不像长白猪那样生长。父系种猪背呈双脊，后躯及臀部肌肉特别丰满，呈圆球状。种猪性情温顺。

（三）生产性能

生长迅速，4周龄断奶重6.5kg，6周龄10.8kg，10周龄体重达27kg，170~180日龄体重可达90~100kg。肥育期日增重607g。初生至上市体重100kg，饲料报酬为2.85~3.00kg。

初产母猪产活仔数平均8.7头，初生体重平均1.34kg。经产母猪产仔数10.2头，仔猪成活达90%。

胴体性状极佳，屠宰率77.22%，厚2.3cm，皮厚0.21cm，后腿比例33.22%，花板油比例3.05%，瘦肉率60%以上。

（四）外观图

图4-15 汉普夏猪

第四节 特种野猪

特种野猪是经过人工驯化改良后的一个野猪品种，基因稳定。公母猪可长期做种繁殖而基因不变，它不同于家猪，形似野猪，故取名为特种"野猪"，开发前景极为乐观。纯种公野猪与家母猪杂交的后代都叫作"特种野猪"。

一、外貌特征

猪产下时（图4-16）身上有条纹，长大时（图4-17）猪毛呈黑色或褐红色、耳小、尾比家猪短，嘴较家猪长，毛密，蹄黑色，性格较温驯；但公猪行动比家猪敏捷。同等体积比家猪重10%，瘦肉率比家猪高出53.5%。经专家用剪切力与家猪比较证实其肉比家猪肉鲜嫩（剪切力只有家猪的50%~61%）。"野猪"的背膘薄、板油厂（只有家猪的1/6），吃生食，头和腹部较小，日饲量仅为家猪的1/3，合群性强、耐粗食、抗病能力比家猪强。年产仔2.25~2.5胎，每胎8~16只。

图4-16　特种野猪猪仔

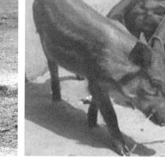
图4-17　成年特种野猪

二、繁殖性能

野猪是季节性发情，一般仅在春季发情，一年繁殖一次，一次一胎产仔3~6头，幼仔猪身上褐色纵条，大猪有黑色、棕色、棕红色三种，体长一般120~180cm，身高50~110cm，寿命可长达20余年甚至更长。

三、生产性能

特种野猪的繁殖能力强，年产2~2.5胎，每胎8~13只，年产约20头，育成率达98%以上；耐粗食，饲料来源广，日饲量仅为家猪的1/3，饲养成本极低，投入产出比为1：3，而家猪为1：0.15。目前野猪在市场上供不应求，价格不菲。

四、肉品质性能

野猪和家猪杂交后，不仅性情变得比较温顺，而且生产性能、肉质也发生了根本变化。在肉的品质上，纯种野猪肉肉质粗糙，肌间脂肪含量少且有腥燥味。而特种野猪肉肉丝细腻，鲜嫩多汁，色泽鲜红，肌间脂肪含量丰满，大理石花纹丰富，猪肉不但无腥味而且香味浓厚。

五、经济价值

特种野猪肉质鲜嫩香醇、野味浓郁、瘦肉率高、脂肪含量低（仅为家猪的50%），营养丰富，含有 17 种氨基酸和多种微量元素，亚油酸含量比家猪高 2.5 倍，科学界公认的人体唯一不能合成的必需脂肪酸，对人体的生长发育有着极为重要的意义，对高血压、高血脂、冠心病、脑血管疾病有独特的疗效。经最新研究表明，野猪肉里含有抗癌物质锌和硒等，是一种理想的滋补保健肉类。野猪骨头还可制药。用野猪腿加工成的野猪火腿和分割下来胴体加工的野猪风味腊肉条、野猪肉香肠等在国内外市场都十分畅销。

六、发展前景

特种野猪肉以其脂肪少，营养价值高，野味浓郁等特点，逐渐成为家猪的替代品和新型绿色保健食品。目前市场十分紧俏，特别是广州、香港、上海、北京、深圳等市场需求量极大，野猪肉每公斤 80 元左右仍供不应求。我国是以猪肉为主要肉食的国家，年消费生猪 2000 万头以上，即使按生猪消费的 1/10 计也达 200 万头。但目前全国仅有极少数几家规模不大的特种野猪养殖场，远远无法满足市场需求，缺口极大。

近几年来生猪市场疲软，销售价格涨跌不定，致使许多养猪场倒闭，生猪生产已进入成本高、风险大的"微利时代"，但农村仍然家家户户养殖，而野猪价格高、抗病力强、成本低。因此，大力发展野猪养殖已成为畜牧业和农村新的增长点，是广大农民脱贫致富、下岗职工再就业、企业及养殖场转产的首选项目。

第四章

生态养猪饲料利用与生态环保型日粮的配制

青绿饲料是我国农民传统养猪的常规饲料，在过去的农村分散饲养中被大量使用。但近年来，随着养猪集约化的不断深入，青绿饲料在养猪生产中的利用已越来越少。养猪业的发展离不开饲料，离不开粮食。虽然粮食的生产正逐年增收，却跟不上人口的增长及耕地减少的速度；我国饲料原料短缺，人们酷爱猪肉，为此养猪业如何摆脱对粮食的过分依赖，是我们必须解决的一个重要问题。青绿饲料鲜嫩多汁，适口性好，易消化，富含蛋白质、维生素、矿物质，是营养相对平衡的大容积饲料，在饲料成本不断上涨的今天，合理研究、开发、利用青绿饲料资源，对发展节粮型养猪生产就具有重要的现实意义。

第一节　利用农村现有饲料进行生态养猪

一、利用青绿饲料进行生态养猪

（一）科学选择青绿饲料品种

猪属单胃、杂食、后消化道发酵动物，只能在肠内消化少量粗纤维，对含粗纤维高的青绿饲料利用率较差特别是含木质素高的青绿饲料利用率更差。因此，选用易消化且含粗纤维低的青绿饲料，如紫云英、黑麦草、杂交狼尾草、番薯茎叶、萝卜菜、胡萝卜等。苦荬菜鲜嫩多汁、适口性好、能促进食欲、有助于消化。用其饲养小猪能预防下痢；饲喂大猪能防止便秘且上膘快；饲养母猪能提高泌孔量及仔猪增重。籽粒苋生喂熟喂均可，其籽粒可作为猪的精饲料。在育肥猪日粮中适量添加青刈籽粒苋，可使日粮氮的利用率由62.19%提高到76.13%。

（二）适时刈割打浆鲜喂

利用青绿饲料应掌握好青刈时间，因其在不同生长阶段的养分含量及消化率是不一样的。幼嫩的植物含水多，矿物质少，粗纤维含量较低，而蛋白质含量高。所以生长早期的青绿饲料消化率较高，其营养价值也高，但产量低。要解决青绿饲料纤维多和猪的消化能力低的矛盾。其刈割时间应掌握在抽茎或开花前后老嫩适中时采收。青绿饲料切碎打浆能解决体积大与猪胃容积小的矛盾。

（三）适宜青绿饲料不要煮熟喂猪

高温烧煮使大部分维生素遭到破坏而降低原有营养成分，加热不当会导致亚硝酸盐的形成，猪食后引发中毒。正确的处理方法是：青绿饲料采回后，切碎或打浆然后掺入混合饲料直接喂猪，这样既能保持维生素，又不会使猪中毒。但对适口性差或粗纤维多的青绿饲料通过发酵等处理后再喂。

（四）防止青绿饲料发霉变质

采割青绿饲料要保持鲜嫩和清洁，喂前可用清水漂洗，除去泥沙（沥净水分后）再喂猪。青绿饲料鲜嫩可口，饲喂猪时，最好是现采现用，不要堆放，如堆放太久，很容易发热变黄或腐败，不但破坏了部分维生素，降低了适口性。也会使部分硝酸盐还原为亚硝酸盐等有毒物质，猪食后轻则患肠胃病，重者导致中毒死亡。当采集后一时喂不完的，青贮或散放在阴凉通风处贮存，经粉碎加工后饲喂，这种饲料可以保持原有的色香味并减少营养成分的损失，并增加适口性。

二、利用农副产品进行生态养猪

我国广大农村中的粮食加工副产品如酒糟、糠麸、豆腐渣、粉渣等，都是很好的饲料。还有设在农村附近的淀粉加工厂，它们在生产过程中的淀粉渣也是很好的饲料来源。猪的杂食性为农村走向节粮型、高效型、生态型养殖业之路提供了前提。

（一）糠麸类饲料

是养猪业中常用的一种，它是由稻谷、蚕豆、豌豆经加工而获得的副产品。蛋白质、粗脂肪和粗纤维含量较高，磷和维生素 B 丰富，而钙和胡萝卜不足。因此，使用此类饲料时要注意搭配青绿饲料及补充矿物质饲料。

（二）饼粕类饲料

包括大豆粕、花生饼、菜籽饼等，是常用的蛋白质补充料。一般含粗蛋白质 35%~45%，富含赖氨酸和色氨酸。菜籽饼含有毒素，饲喂时应注意加工调制，可以蒸煮或用 1%~2% 的石灰水浸泡 3~4d，中途换水脱毒。可与充足的青绿饲料搭配饲喂。

（三）糟渣类饲料

包括酒糟、糖渣、粉渣和豆腐渣等。其特点是含水分高，不宜保存，各种养分含量不全，矿物质不平衡，胡萝卜素缺乏，所以饲喂时应根据具体情况和不同猪群的要求合理搭配使用，并注意补充蛋白质、矿物质和微量元素。妊娠母猪不可多喂酒糟。豆腐渣内含有控胰蛋白酶，易阻碍猪对蛋白质的消化吸收，熟喂可破坏其控胰蛋白酶，提高蛋白质消化率。腐败、霉变、冰冻的糟渣不可用来喂猪。

三、广泛采集野生饲料进行生态养猪

我国地域辽阔，饲料资源丰富，广泛采集野生饲料是解决猪青饲料的捷径。野草、野菜、水草和树叶、野果等种类繁多，因生长季节不同，其营养价值也有很大差异。主要特点是营养价值较高，含粗蛋白质高，钙多磷少，富含维生素和微量元素，营养较全面。

第二节　利用微生态制剂进行生态养猪

一、利用酶制剂进行生态养猪

我国饲料资源紧缺，利用饲用酶制剂既能促进动物对营养物质的消化吸收，提高饲料利用率，而且可以减少环境污染。酶包括蛋白酶、脂肪酶类和碳水化合物酶类，猪在一些特殊阶段体内的消化酶分泌不足，这时需额外补充消化酶。另外，猪本身不能分泌消化某些物质所需的酶，需要通过饲料补充。

猪日粮中使用酶制剂应注意：一是根据不同阶段的猪使用不同的酶制剂。对于断奶、保育这些特殊阶段的猪只，常会出现内源消化酶分泌不足，因此选用的饲料酶制剂以消化酶为主（蛋白酶，脂肪酶等），可提高生产力和改善饲料利用效率；二是饲料酶制剂的选择应根据日粮饲料原料成分而定。如果日粮有用到棉籽粕、菜籽粕、葵籽粕等，这些原料的主要抗营养因子为粗纤维、果胶、乙型甘露聚糖等，所相应最主要酶种应为纤维素酶、果胶酶、乙型甘露聚糖酶等；三是酶是蛋白质，大多数不耐受，70℃以上高热没有经过特殊稳定性处理的酶制剂很难经受住制粒工艺而仍维持较高的活力，更不能适应膨化工艺。

二、利用益生菌进行生态养猪

益生菌是指具有生命力的微生物，这种微生物经口服足够剂量后会改变肠道微生物区系，进而对宿主产生有益影响。目前国内外市场上微生态饲料添加剂品种很多用的有芽孢杆菌、乳酸杆菌及酵母菌。

益生菌作用机制：一是它可保持动物肠道内微生态平衡。猪在应激、疾病等情况下，其肠道微生态平衡将遭破坏。饲喂益生菌后有益微生物迅速繁殖，抑制了那些需氧微生物致病菌的生长繁殖，从而保持或恢复肠道内微生物菌群的平衡，达到防病治病、促进生长的目的。二是益生菌在肠道内可分泌一些有益的营养物质。产生的多种氨基酸、维生素等，可以作为营养物质为畜禽吸收利用，从而促进畜禽的生长发育和增重。三是提高机体免疫功能。益生菌是良好的免疫激活剂，它们能刺激肠道免疫器官的组织生长，激发机体产生体液免疫和细胞免疫。

三、利用寡糖进行生态养猪

寡糖作为非消化性低聚糖，是一种优于抗生素、具有益生菌活性的饲料添加剂。具有改善肠道微生物区系、降低血清胆固醇和中性脂肪含量，改善血糖含量；提高饲料利用效率等生理功能。

目前市场最常见的低聚糖有十几种，主要是低聚半乳糖、乳酮糖、低聚果糖、低聚异麦芽糖、低聚木糖、大豆低聚糖、甘露寡糖、低聚壳聚糖等。国内饲料工业上应用较多是低聚木糖、低聚壳聚糖、低聚异麦芽糖。

四、利用中草药添加剂进行生态养猪

中草药饲料添加剂具有与食物同源、同体、同用的特点，是现代化学药物、抗生素、激素类药物所无法比拟的。中草药饲料添加剂除了本身固有的营养中草药一般均含有蛋白质、糖、脂肪、淀粉、维生素、矿物质微量元素等营养成分作用 外，更有以下几点特性：

（1）中草药饲料添加剂有增强免疫作用。中草药研究证明许多中草药的多糖类、有机酸类、挥发油类等，均有增强免疫的作用，且可避免西药类免疫预防剂对动物机体组织有交叉反应等副作用弊端。

（2）中草药饲料添加剂本身不是激素，但可以起到与激素相似的作用，并能减轻或防止、消除外激素的毒副作用。中草药饲料添加剂有抗应激作用。目前在防治猪的应激综合征的研究中，发现一些中草药如刺五加、人参、黄芪、党参、柴胡、延胡素等有提高机体防御抵抗力和调节缓和应激的作用。

（3）中草药饲料添加剂有抗菌和抗病毒作用，且毒副作用小，不易产生抗药性。同时中草药以其独特的抗微生物和 寄生虫的作用机制，不会产生耐药性，并可长期添加使用，如与抗生素合用，还可降低或消除后者的毒副作用。

第三节　利用营养元素进行生态养猪

一、扩大动物性饲料和矿物质饲料进行生态养猪

动物性饲料蛋白质含量高，必需氨基酸比较全，生物学价值高，几乎没有粗纤维，消化利用率高达 70%~90%，并含有植物性饲料最缺乏的 Vb_{12} 和 Vd，其他维生素也很丰富。钙磷含量充足，比例适宜，是猪最好的蛋白质和钙、磷、维生素的补充饲料。动物性饲料的种类很多，如鱼粉、骨粉、蛋壳粉、血粉、蚕蛹粉、羽毛粉等。

二、利用有机微量元素进行生态养猪

有机微量元素是金属元素与蛋白质，小肽，氨基酸，有机酸，多糖衍生物等配位体，通过共价键或离子键组成形成的络合物或螯合物，且稳定性好、生物学效价高，在小肠中易消化、无毒等特点。

有机微量元素分为 6 类：金属元素特定氨基酸复合物、金属元素氨基酸复合物、金属元素氨基酸螯合物、金属元素蛋白盐、金属元素多糖类复合物和金属元素有机酸盐。

在妊娠和哺乳母猪饲料中添加蛋氨酸螯合铁可减少死胎，提高仔猪初生质量和初生仔猪含铁量，预防仔猪贫血，并降低病死率。母猪日粮中添加有机铬能显著提高母猪的产仔数和产仔成活率。酵母形式的有机硒和亚硒酸钠均能提高血液中硒的水平，有机硒的效果较亚硒酸钠更显著。口服氨基酸螯合铁可提高仔猪血红蛋白含量和血浆铁水平，防止仔猪发生缺铁性贫血，促进生长发育，改善仔猪免疫功能。与无机硫酸铜相比，赖氨酸铜螯合物能显著提高仔猪的日增重。低添加水平的有机微量元素能完全替代无机矿物质添加剂，而不会对动物的生产性能产生不良影响，同时还能降低营养物质的排泄量，最大限度地减

少对环境的影响。壳聚糖铁能显著提高仔猪的生产性能，与硫酸亚铁添加效果基本一致，还能增强仔猪免疫功能，效果显著优于硫酸亚铁。

第四节 生态环保型日粮的配制

一、生态养猪饲料配方的合理设计

饲料配方的设计首先要根据所饲养猪的品种、遗传潜能及在所饲养的环境下能达到的生产性能。配方的构设计要根据猪只不同的生长阶段，不同性别而设定。饲料原料的选择除了常规的蛋白饲料原料豆粕、鱼粉、菜籽粕饼外，尽可能充分利用本地一切可利用饲料资源。所选择原料要营养变异小、有害有毒成分低、抗营养因子少，因为营养物质含量及消化率变异较大的蛋白质饲料会明显增加动物的氮排泄量，不仅营养利用率低，而且对环境污染大。

二、生态养猪饲料的配制应注意事项

（1）猪场使用的饲料及其添加剂来源于疫病洁净地区，未受农药或病原体污染，无发酵、霉变、结块及异味、异臭。

（2）有害物质及微生物允许量必须符合国家规定。

（3）制药工业的副产品不应作为生猪饲料原料。严格遵守《允许作药物饲料添加剂的兽药品种及使用规定》，坚决杜绝使用农业农村部《食品动物禁用的兽药及其他化合物清单》《禁止在饲料和动物饮用水中使用的药物品种目录》中列出的药物。

（4）加药饲料和不加药饲料要有明显标记，并做好饲料更换记录，出栏前严格按休药期规定换喂不加药的饲料。

（5）注意微生物对饲料的污染，特别是霉菌和沙门氏菌、大肠杆菌的污染。

（6）注意矿物质的超量添加问题。高铜、高锌的添加会造成这些元素在猪肝脏内的蓄积，人食用后对人的健康造成危害。

（7）饲料调配混合按照先大量后小量的原则，各种饲料及添加剂必须，混合均匀。

（8）饲料种类要稳定，不要随意变动饲料。新接受的饲料原料及其产品应按规定的方式采样，并保留样品。饲料感官上色泽一致，无发酵霉变、结块及异味、臭味。

三、不同类型饲料的最佳配比

（1）粮食类饲料：粮食类饲料包括玉米、大麦、小麦、高粱、主豆、豌豆等。猪的粮食类饲料用量为饲料总量的50%，最多不超过60%。

（2）饼粕类饲料：饼粕类饲料主要包括菜籽饼、花生饼、棉饼、大豆饼、芝麻饼等。猪用饼类饲料的配合比例为饲料总量10%~25%。大豆饼、花生饼营养好，可配到25%；菜籽饼、棉饼要低于10%。菜籽饼和棉籽饼作饲料要先脱毒，其他饼类只蒸煮或炒熟饲喂即可。仔猪饲料不宜加饼粕类。

（3）糠麸类饲料：糠麸类饲料有米糠、麦糠、红薯滕糠、花生糠、蚕豆叶糠、黄豆秸秆糠等。猪用量为饲料总量的 10%~15% 最多不超过 20%。

（4）糟渣类饲料：糟渣类饲料包括酒糟、糠糟、醋糟、粉渣、蔗渣等。猪用最为饲料总量的 5%~10%。妊娠母猪、育服期不宜喂酒糟。各种糟渣在饲喂前必须煮熟。

（5）动物性饲料：动物性饲料包括蚕蛹、鱼粉、骨粉、血粉、肉粉等。猪用量为饲料总量的 4%~8%。仔猪不宜喂血粉。精料中鱼粉可配 10%，用这类饲料时要注意配好钙、磷比例。

（6）矿物质饲料：矿物质饲料包括贝壳粉、蛋壳粉、碳酸钙函 0.5%，若添加微最元素，应严格按规定使用。

（7）青绿饲料：青绿饲料包括水生的浮萍、水葫芦、水花生和农作物的叶藤及首蓿等。这类饲料一般占饲料总量的 40%。

四、容易引起中毒的饲料

青绿饲草、菜籽饼类、玉米糟渣等都是农村养猪的好饲料，但在采集、存放、加工、饲喂过程中，如果处理不当，就很容易引起生猪食物中毒。

（1）鲜嫩的高粱苗、玉米苗叶。高粱和玉米的嫩叶中含有氢氰酸。氢氰酸具有强烈的毒性，猪吃后迅速中毒。最快的 5min 左右就会死亡，慢的 3~5h 死亡。轻度中毒的病猪呈现兴奋、流涎、轻度下痢及抽搐痉挛。

（2）堆放过久发热腐烂的多汁蔬菜和青草，堆放过久或 50℃ 左右低温长时间紧闭锅盖烹煮，硝容易产生亚硝酸盐，使猪采食后十几分钟到 0.5h，最多 2h 就会出现亚硝酸盐中毒症状。青饲料应鲜喂，必须煮熟时，应把火添足，迅速烧开，揭开锅盖，不要焖在锅里过夜。

（3）鲜首蓿。鲜首蓿中含有叶红质，经阳光照射后能产生荧光，当被猪体吸收后，从血液进入无色素的皮肤层内。在阳光作用下，引起血管破裂和神经、消化等机能紊乱。白色猪中毒，黑色猪不中毒。鲜首蓿喂猪，每天每头小猪 1.5kg，大猪 3kg，在首蓿地放牧，应在早、晚放牧。更换饲料，避免阳光暴晒鲜首蓿等。

（4）未用开水浸泡的菜籽饼。猪食入菜籽饼后，在肠消化酶作用下，变成芥子油，强烈刺激胃肠黏膜而造成中毒。使用菜籽饼作饲料，先将菜籽饼粉碎，在温水中泡 10h 左右。将水倒去，再加水煮沸 1h，经常搅拌，使毒素蒸发出去，菜籽饼应和其他饲料搭配应用，用量宜逐渐增加。发霉变质的菜籽饼不用。

（5）未经高温处理的棉籽饼。棉籽饼里含棉籽毒素，如若长期大量食用，由于毒在猪体内蓄积，毒性发作，出现中毒情况。锦籽饼喂猪要限量，母猪的日粮中仅能用 5%，每天不得超过 0.5kg，3 月龄肉猪每天可给 0.1kg，不能长期饲喂，喂 1 个月应停止 10d 再喂，发现中毒时立即停喂。用棉籽饼作饲料时要加工处理除去毒素。

（6）发霉变质的玉米、谷糠和配合饲料。这些饲料遇湿发霉，猪食后会发生多种霉菌中毒，一般 10d 左右发病。发现中毒应立即停喂，改喂青绿易消化的饲料。

（7）过量的酒糟。由于保管不当，酒糟就霉败，里边残存的少量乙醇腐败后形成醋酸，大量长期喂猪，容易引起醋酸中毒。酒糟喂猪要配合其他饲料，切忌单一饲喂。新鲜酒槽在饲料中的配量不得超过 20%，干酒槽不得超过 10%。酒槽忌喂怀孕和哺乳母猪，切忌喂种猪。

（8）生豆腐渣。生豆腐渣中含有抗胰蛋白酶、皂角素、红维胞凝集素等有害物质。大量生豆腐渣喂猪，轻者导致母猪营养不良、食欲减退、腹泻拉稀，重者导致母猪不孕、流产、死胎，仔猪不易成活。饲喂之前一定要把豆渣充分煮熟，饲喂时须与精料、粗饲料和青饲料合理搭配，豆腐渣的喂量要限制，不能超过日粮的 30%，可将新鲜豆腐渣晒干备用。

（9）发芽的土豆及其茎叶。土豆的嫩芽、新鲜的茎叶和花蕾都含有大量的毒素，并在绿色部分还含有硝酸盐类，能形成亚硝酸盐。猪食大量发芽土豆后 1 周内发病。发芽腐烂或表皮变绿的土豆不要喂猪，饲喂土豆量不宜过多，可疑土豆中毒时，应立即改换饲料，并采取饥饿疗法。

（10）大量咸水。猪长期采食含食盐过多的酱渣、咸菜水、咸肉水、咸鱼水、饭店泔水和残羹，日粮中添加食盐过多而饮水不足，都能引起食盐中毒症，实质是钠离子中毒。一般成年猪一次吃 100～250g，即可中毒死亡；50g 以上就会引起中毒。而仔猪对食盐更敏感，只要吃到 50～100g 就会中毒死亡。

第五章

猪的饲养管理

第一节　猪饲养管理的一般原则

要提高猪的生产水平，必须实行科学的饲养管理方法，最大限度的提高猪的生产潜力；要以科学的态度，认真对待每一个生产环节；要根据猪的生物学特性和不同阶段的生理特性有针对性的采取有效饲养管理措施，才能获得较高的成效。

一、合理调制饲料，科学配置日粮

俗话说："同样的草，同样的料，不同的方法，不同的膘。"常用的饲料加工调制方法有：将青绿多汁饲料切碎、切短、打浆，将高淀粉类饲料煮熟，将高能量的籽实饲料粉碎等方法。

猪体需要各种营养物质，各种饲料中所含营养物质的成分与含量不同，而在单一饲料中，往往营养物质不全面，不能满足猪的生长发育与繁殖等方面的需要。为此，必须选择多种饲料合理搭配，这样可以发挥蛋白质的互补作用，从而提高蛋白质的生物学价值。

二、正确饲养

（一）定时、定量、定质饲喂

1. 定时

每天喂猪的时间，次数要固定。定时饲喂，可使猪的生活有规律，建立良好的条件反射，有利于消化液的分泌，从而提高猪的食欲和饲料利用率。

2. 定量

喂食一定要掌握好数量，不可忽多忽少，以免影响食欲，造成消化不良，降低饲料利用率。定量不是绝对的，要根据气候、饲料种类、猪的食欲、生理状态、食量等情况等随时调整。每次喂量以掌握在猪吃到八九成饱为宜，这样才能使猪在每顿喂食时保持旺盛的食欲。

3. 定质

对于不同种类的猪，在配合日粮时，首先要符合饲养标准，其次要科学的安排精、粗、青饲料的比例，而饲料的种类与比例要保持相对稳定，不可变动太大，这样才有利于提高猪的食欲和饲料的利用率。禁止饲喂发霉、变质、腐烂及冰冻的饲料。

（二）合理的饲喂方法

1. 饲喂方式

根据所用饲料的理化性质不同，猪的饲喂方式可分为生喂和熟喂两种。

生喂：就是用生的饲料来喂猪。好处是可提高饲料中的蛋白质转化率，提高饲料中维生素的利用率，节省燃料，预防饲料中毒。缺点：对淀粉类饲料的消化率低，易感染寄生虫病。

熟喂：就是将饲料加工成熟料来饲喂。好处是可以用高温杀灭饲料中的寄生虫卵，软化饲料中的纤维素，提高淀粉类饲料的消化率。缺点：降低饲料中蛋白质的转化率，降低饲料中维生素的含量，浪费燃料。

2. 饲喂的料型

常用的有干粉剂、颗粒剂、湿拌剂、稀粥剂。

在我国农村，多采用稀料熟喂的方式，现在提倡颗粒剂、湿拌剂、干粉剂、稀粥剂。

三、科学管理

（一）保障充足的饮水：每天必须供给充足而清洁的饮水

猪在夏季需水多，冬季需水少；喂干粉料需水多，喂稠料需水少。供水方法，一般是在圈内或运动场设置水槽，要勤换、勤刷、勤消毒。最好安装自动饮水器。

（二）精心管理猪群

1. 合理分群

一般掌握"留弱不留强""拆多不拆少""夜合昼不合"的原则。针对猪的视觉较差而嗅觉灵敏的特性，对并圈合群的猪可喷洒药液，消除气味差异，便于合群成功。

2. 加强调教，搞好卫生

促其养成"三点定位"的习惯，使猪吃食、睡觉和排粪尿的地点固定，猪圈应每天打扫，猪体要经常刷拭。

3. 适当运动

运动方式有运动场内自由运动、驱赶运动、放牧运动、运动跑道运动，游水（洗澡）等。

（三）认真调控猪的生活环境

猪的生活环境主要是猪舍内环境，保持猪舍内适宜温度、湿度、光照与空气鲜度，是提高猪生产性能的重要措施。

1. 温度

猪的生理特点是小猪怕冷、大猪怕热、且猪对过冷、过热的环境很敏感。猪舍温度过低，会增加饲料的消耗，猪的增重减慢，甚至发生发病或死亡。在低温季节，猪舍应注意加热保温，猪在高温条件下会出现食欲下降采食量减少等现象，甚至中暑，死亡。因此，在高温条件下，应采取防暑降温措施。气温过高过低，都会影响猪的增重与饲料的利用率。

2. 湿度

如果猪舍内气温适宜，空气相对湿度的高低对猪肉增重与饲料利用率影响不大。但高温高湿或低温高湿对肉猪的健康，增重与饲料利用率有不良影响。特别是低温高湿的影响更为严重。空气相对湿度过低也不利，会增加猪的呼吸道疾病与皮肤病。

3. 光照

猪舍的光照因光源不同可分为自然光照与人工光照。一般情况下，光照对肉猪的生产性能影响不大。但强烈光照会影响猪的休息与睡眠，所以育肥猪一般采取暗光照管理。

4. 空气新鲜度

猪舍要求设计合理，注意通风换气，特别是封闭式猪舍更应如此，猪舍要每天清扫，以保持猪舍空气新鲜。

（四）合理安排圈舍的饲养密度

猪群养密度过大，每一头猪在群体中的位置就不稳定，致使猪群争咬不断，直接影响猪的生长发育。因此，确定一个较为合理的饲养密度是养好猪的基础之一。一般是：小猪为 20~30 头一群，肥育阶段为 10~12 头一群。

（五）建立可靠的防疫治病程序

猪生长发育好坏的另一个关键是猪的健康状况，猪患病时，原有的生产能力不能正常展示，自身的生产潜力不能发挥。因此，应防治猪发生疾病，特别是传染病。

（六）稳定的饲养管理制度

猪的饲养管理制度，是猪场饲养管理工作的根本依据，一旦确定，不得随意更改和变动，饲养员必须认真遵守，严格执行（表6-1）。

表6-1　饲养管理制度（例）

夏季（5~9月）		冬季（10~4月）	
5：30~7：00	起床，清理圈舍，早饲配种	6：00~7：00	起床，清理圈舍，早饲配种
7：00~8：00	早饭，喂断乳仔猪	7：30~8：30	早饭，喂断乳仔猪
8：00~9：00	饮水，公猪运动	8：30~9：30	公猪运动
9：00~1：00	喂青料，清粪便，刷拭公猪	9：30~10：30	喂青料，清粪便，刷拭公猪
10：00~11：00	喂哺乳母猪和断乳仔猪	10：30~11：30	喂哺乳母猪和断乳仔猪
11：00~12：00	午饲母猪（除哺乳母猪）、公猪、肥猪、后备	11：30~12：30	午饲母猪（除哺乳母猪）、公猪、肥猪、后备猪
12：00~14：30	午饭、午休	12：30~14：00	午饭、午休
14：30~15：30	饮水，喂哺乳母猪和断乳仔猪	14：00~15：00	喂青料
15：00~16：00	喂青料	15：00~16：30	清理圈舍，为哺乳母猪和断乳仔猪
16：00~17：00	清理圈舍	16：30~17：00	配种
17：00~18：00	喂断乳仔猪，配种	17：00~18：00	晚饲母猪（除哺乳母猪）、公猪、肥猪、后备猪

(续)

夏季（5~9月）		冬季（10~4月）	
18：00~19：00	晚饲母猪（除哺乳母猪）、公猪、肥猪、后备猪	18：00~19：30	晚饭
19：00~20：00	晚饭	19：30~20：30	为哺乳母猪和断乳仔猪
20：30~21：00	喂断乳仔猪	22：00~22：30	为哺乳母猪、妊娠猪、断乳仔猪和肥猪

第二节　种公猪的饲养与利用

公猪在猪的繁殖中占有重要地位，一头公猪一年可配种产生上千头甚至上万头后代，对生产水平影响很大。公猪是一个猪场生产线的源头。养好公猪的目标是，经常保持其种用体况、健康体质、旺盛性欲和优良的精液品质。种公猪管理的主要目标是提高种公猪的配种能力，使种公猪体质结实，体况不肥不瘦，精力充沛，保持旺盛的性欲，精液品质良好，提高配种受胎率。

一、种公猪的繁殖与利用

（一）公猪的初情期与性成熟

公猪的初情期是指公猪第一次射出成熟精子的年龄（有人认为精液精子成活率应在10%以上，有效精子总数在5000万时的年龄）。猪的初情期一般为3~6月龄。

公猪的性成熟是指生殖器官及其机能已发育完全，具备正常繁殖能力的年龄。公猪性成熟通常比母猪迟，一般在4~8月龄，此时身体尚在生长发育，不宜配种使用。一般在性成熟后2个月左右可开始配种使用。要求体重达到成年体重的70%~80%。生产中常有过早配种，由于刚刚性成熟，交配能力不好，精液质量差，母猪受胎率低，且对自身性器官发育产生不良影响，缩短使用寿命。若过迟配种，则延长非生产时间，增加成本，另外会造成公猪性情不安，影响正常发育，甚至造成恶癖。在生产中一般要求小型早熟品种在7~8月龄，体重75kg左右配种；大中型品种在9~10月龄，体重100kg左右配种。

（二）公猪的射精量与精液组成

公猪的射精量大，一般在150~500mL，平均250mL。公猪精液由精子和精清两部分组成。射精持续时间一般5~10min，平均8min。

（三）公猪的合理利用

1. 后备公猪的配种适龄

后备公猪的初配年龄最早不早于8月龄，最好是在10~12月龄以后，体重150kg以上。后备公猪使用过早，会明显降低受胎率和产仔数。

2. 公猪的利用强度

经训练调教后的公猪，一般一周采精一次，12月龄后，每周可增加至2次，成年后

2~3 次。即青年公猪每周配 2~3 次，2 岁以上公猪 1 次/d，必要时 2 次/d，但具体得看公猪的体质、性欲、营养供应等灵活掌握。如果连续使用，应休息 1d/周。

注意事项：使用过度，精液品质下降，母猪受胎率下降，减少使用寿命；使用过少则增加成本，公猪性欲不旺，附睾内精子衰老，受胎率下降。公猪精子生成、成熟需要 42d，如频繁使用造成幼稚型精子配种，增加母猪空怀率，所以公猪必须合理休养使用。

3. 配种比例

本交时公母性别比为 1∶20~30；人工授精理论上可达 1∶300，实际按 1∶100 配备。

4. 利用年限

公猪繁殖停止期为 10~15 岁，一般使用 6~8 年，以青壮年 2~4 岁最佳。生产中公猪的使用年限，一般控制在 2 年左右。

二、种公猪的饲养

营养是实现公猪管理目标的关键。营养好，公猪才会有良好的生长发育，才会有强烈的性欲、多量的优质精液和受精率，健壮的体质和较长的利用年限。公猪的一次射精量较其他家畜都多，每次交配时间也较其他家畜长得多，这都需要从饲料中获得所必需的各种营养物质。蛋白质是构成精液的主要成分。

蛋白质对精液数量的多少、质量的高低及精子寿命的长短都有很大的影响，精液中干物质占 5%，其中蛋白质为 3.7%。为此，在公猪的日粮中必须给予优质适量的蛋白质饲料。若日粮中缺乏蛋白质，对精液品质有不良影响，但长期蛋白质过剩，同样会使精子活力下降，精子浓度降低，畸形精子增多。

公猪日粮中钙磷的不足或缺乏，会使精液品质显著降低，出现死的、发育不全或活力不强的精子。维生素 A、维生素 D、维生素 E 对精液品质也有很大影响。缺乏时，公猪的性反射降低，精液品质下降。维生素 D 缺乏时，会影响机体对钙磷的吸收，间接影响精液品质。

配种季节加强的饲养方式：配种期饲料的营养水平和饲料喂量均高于非配种期。于配前 20~30d 增加 20%~30%的饲料量，配种季节保持高营养水平，配种季节过后逐渐降低营养水平

在饲喂技术上做到定时定量，每次不要喂太饱（8~9 成饱），可采用 1~2 次/d 投喂，喂量需要看体况和配种强度而定，每天饲料摄入量 2.3~3.0kg。全天 24h 提供新鲜的饮水。以精料为主，适当搭配青绿饲料，尽量少用碳水化合物饲料，保持中等腹部，避免造成垂腹。

三、种公猪的管理

种公猪除与其他猪一样应该生活在清洁、干燥、空气新鲜、舒适的环境外，还应做好以下几项工作：

（一）建立良好的管理制度

饲喂、运动、采精、配种及擦拭等各项工作都应在大体固定的时间内进行，利用条件反射养成规律性的生活制度，便于管理操作。

（二）单圈饲养

已开始配种的公猪一见面会咬斗不休，严重影响种用，必须单圈饲养。单圈饲养的公猪比较安宁，减少了外界的干扰，食欲正常，杜绝了爬跨和自淫的恶习。

（三）运动

合理的运动可以促进代谢、增强体质、锻炼肢蹄、增进食欲、改善精液品质。一般要求采取单个驱赶运动方式，上下午各运动一次，每次约 1h，行程 2km。夏天应在早晨和傍晚进行活动，冬天中午进行，如遇酷热严寒、刮风下雪等恶劣天气，应停止运动。如果公猪较多，可建环形封闭运动场，让公猪在循环窄道内自行单向追逐运动。配种期要适宜运动，非配种期要加强运动。

（四）刷拭和修蹄

每天定时用刷子刷拭猪体 1~2 次，热天结合淋浴冲洗，可保持皮肤清洁卫生，少患皮肤病和外寄生虫病，提高性欲。同时也是饲养员调教公猪的机会，使公猪乐于接近人，并且温顺听从管教，便于采精和辅助配种。平时还应注意为公猪修蹄，以免影响公猪正常的活动和配种。

（五）定期检查精液品质和称量体重

实行人工授精的公猪，每次采精都要检查精液品质。如果采用本交，每月也要检查 1~2 次，特别是后备公猪开始使用前和由非配种期转入配种期之前，都要检查精液品质，严防不良精液的公猪配种。公猪应定期称重，根据体重变化情况检查饲料是否适当，以便及时调整日粮。

（六）防止公猪咬架

公猪好斗，如偶尔相遇就会咬架。公猪咬架时，应迅速放出发情母猪将公猪引走，或者用板将公猪隔离开或设立固定跑道。

（七）做好防寒保暖、防暑降温工作

种公猪最适宜温度为 18~20℃。高温对公猪影响严重，轻者食欲下降，性欲低下、重者精液品质下降甚至会中暑死亡。所以夏季一定要做好防暑降温工作，如通风、遮荫、洗澡及用特制水龙头向猪颈部滴水等，各地可因地制宜采取相应措施。

四、种公猪的调教

（一）开始调教的年龄

小公猪从 8 月龄开始进行采精调教。

（二）调教持续时间

每次调教时间不超过 15min；如果公猪不爬跨假母猪，就应将公猪赶回圈内，第二天再进行调教。

（三）基本调教方法

将发情旺盛的母猪的尿液或分泌物涂在假母猪后部，公猪进入采精室后，让其先熟悉环境。公猪很快会去嗅闻、啃咬假母猪或在假母猪上蹭痒，然后就会爬跨假母猪。如果公猪比较胆小，可将发情旺盛母猪的分泌物或尿液涂在麻布上，使公猪嗅闻，并逐步引导其靠近和爬跨假母猪。必要时可录制发情母猪求偶时的叫声在采精室播放，以刺激公猪的性欲。

（四）调教时的采精

当公猪爬跨上假母猪后，采精员应立即从公猪左后侧接近，并按摩其包皮，排出包皮液，当公猪阴茎伸出时，应立即用右手握成空头拳，使阴茎进入空拳中，将阴茎的龟头锁定不让其转动，并将其牵出，开始采精。

（五）注意事项

将待调教的公猪赶至采精室后，采精员必须始终在场。因为一旦公猪爬跨上假母猪时，采精人员不在现场，不能立即进行采精，这对公猪的调教非常不利。调教公猪要有耐心，不能打骂公猪；如果在调教中使公猪感到不适，这头公猪调教成功的希望就会很小。一旦采精获得成功，分别在第 2d、第 3d 各采精 1 次，以利公猪巩固记忆。

第三节　后备母猪的饲养管理

后备母猪是猪场的关键，是猪场生产的后备力量，后备母猪的饲养管理不但影响到猪的发情配种，还会影响到猪的产后哺乳、断奶后发情，利用年限，最终影响生产效益。所以说管理好后备母猪在猪场的生产中是极其重要的一环节，也是取得良好的经济效益的基础。

一、后备母猪的营养和饲喂

（1）5 月龄前自由采食，体重达 70kg 左右。

（2）5~6 个半月限制饲养，饲喂含矿物质、维生素丰富的后备猪饲料，日给料 2kg，日增重 500g 左右。

（3）6 个半月到 7 个半月加大喂量（以 3kg 左右为准），促进体重快速增长及发情。

（4）7 个半月以上，视体况及发情表现调整饲喂量，保持母猪 8~9 成膘。

二、后备母猪的选留及选购

（1）猪场引种前应做好两项准备工作：

①根据自己的实际情况制定科学合理的引种计划，包括品种、种猪级别、数量。并做好引种前的各项准备工作，如在种猪到达前应将隔离舍彻底冲洗、消毒，并且至少空舍 7d 以上，隔离舍要远离已有猪群。

②目标种猪场的调查了解与选择。

（2）选择适度规模、信誉度高、有《种畜禽生产经营许可证》、有足够的供种能力且技术服务水平较高的种猪场。

（3）种猪的系谱要清楚。

（4）尽量从同一猪场选购，多场采购会增加带病的可能性。

（5）选择场家，应在间接进行了解或咨询后，再到场家与销售人员了解情况。切忌盲目考察，导致最后所引种猪不理想或带回疫病。

三、后备母猪的饲养管理

（1）按进猪日龄和疾病情况，分批次做好免疫计划、驱虫健胃计划和药物净化计划。

（2）6月龄前自由采食，6~7月龄适当限饲，控制在2~2.5kg/头·d，必须根据外界的气温和限饲前母猪群体膘度的综合考虑。

（3）在大栏饲养的后备母猪要经常性地进行大小、强弱分群，最好每周2次以上，以免残弱猪的产生。

（4）5.5~7月龄时要做好发情记录，逐步划分发情区和非发情区，以便及早对不发情区的后备母猪进行特殊处理。

（5）6~7月龄的发情猪，以周为单位，进行分批按发情日期归类管理，并根据膘情做好合理的限饲、优饲计划，配种前10~14d要安排喂催情料进行优饲，比正常料量多1/3，以便母猪多排卵，到下个发情期发情即配。

（6）后备母猪配种的月龄须达到7.5月龄，体重要达到110kg以上，在第2次或第3次发情时及时配种。

（7）冬季要对刚引入猪进行特殊护理，做好防寒暑工作，保证其体能快速恢复，以防应激状态下各种疾病的发生。

四、如何防止后备母猪不发情

（1）适当运用公猪接触的方法来诱导发情。应在160d以后就要有计划地让母猪跟公猪接触来诱导其发情，每天接触1~2h，用不同公猪多次刺激比同一头公猪效果更好。

（2）建立并完善发情档案。后备母猪在160日龄以后，需要每天到栏内用压背结合外阴检查法来检查其发情情况。对发情母猪要建立发情记录，为将来的配种做准备，还可对不发情的后备母猪做到早发现、早处理。

（3）加强运动。利用专门的运动场，每周至少在运动场自由活动1d，6月龄以上母猪每次运动应放1头公猪，同时防止偷配。

（4）采取适当的应激措施。适度的应激可以提高机体的兴奋，具体措施为：将没发过情的后备母猪每星期调1次栏，让其跟不同的公猪接触，使母猪经常处于一种应激状态，以促进发情的启动与排卵，有必要时可赶公猪进栏追逐10~20min。

（5）完善催情补饲工作。从7月开始根据母猪发情情况认真划分发情区和非发情区，将1周内发情的后备母猪归于一栏或几栏，限饲7~10d，日喂2kg/头；优饲10~14d，日喂3.0kg/头以上，直至发情、配种，配种后日料量立即降到1.8~2.2kg/头。这样做有利于提高初产母猪的排卵数。

五、后备母猪发情鉴定与配种时机的掌握 （表 6-2）

（1）后备母猪发情时，外观明显，阴门红肿程度明显强于经产母猪。

（2）后备母猪发情后排卵时间较经产母猪晚，一般要晚 8~12h，所以发情后不能马上配种，可以在出现静立反射后 8~12h 配种。

（3）后备母猪发情持续时间长，有时可连续三四天，为确保配种效果，建议配种次数多于经产母猪。

表 6-2 后备母猪的配种模式

发情时间	第 1 次配种	第 2 次配种（可以省略）	第 3 次配种
上午"静立"	当日下午	次日上午	次日下午
下午"静立"	当日上午	次日上午	第三日上午
超期发情（≥8.5 月龄）或激素处理的母猪，发情即配			

第四节 种母猪的饲养管理

母猪的繁殖是个复杂的生理过程，不同的生理阶段需要进行不同的饲养管理。但在生产中，常因饲养管理不当，常出现母猪不发情、返情率高或受精后中途死亡等现象，造成巨大的经济损失。因此，养好空怀、妊娠、哺乳各阶段母猪，抓好发情配种、妊娠、产仔、断奶与再配等各技术环节，就能提高母猪的繁殖潜力。

一、母猪的发情与配种

（一）母猪的发情

1. 发情周期

从一次发情到下一次发情的间隔被称为发情周期，通常为 21d。发情周期可以分为 4 个阶段：发情前期、发情期、发情后期和休情期。

2. 发情持续期

母猪发情期长短因品种、个体、季节、年龄而异，短则一天，长则 6~7d，平均 3~4d。春季短，秋季、冬季稍长；国外品种发情期短，地方品种稍长；老龄母猪较青年母猪短。

3. 发情表现

（1）行为方面：对外界反应敏感，兴奋不安，食欲减退，鸣叫，爬栏或跳栏，爬跨其他母猪，阴户掀动，频频排尿，随着发情进展，手按背腰部表现呆立不动，举尾不动；发情后期，拒绝公猪爬跨，精神逐渐恢复正常。

（2）外阴户表现（表 6-3）：

表 6-3 母猪发情外阴户表现

	前期	发情期
外阴户	微红肿	充血肿胀透亮
黏液	少	多
	水样	黏稠
	透明	半透明（乳白色）
阴道	浅红干涩	深红润滑

（二）临床适配（五看）

（1）看阴户，充血红肿—紫色暗淡—皱缩；

（2）看黏液，浓浊，粘有垫草时配种；

（3）看表情，即出现"呆立反应"时配种受胎率最高；

（4）看年龄，"老配早，小配晚，不老不小配中间。"

（5）看品种，地方品种晚配，培育品种、杂交品种配中间，国外品种早配。

注意：强迫配种的受胎率较低；为防止漏配，有时需用公猪进行试情；另外，有些母猪对公猪有选择性。

（三）配种方法

配种方法分自然交配和人工授精，成本比较见表6-4。

1. 自然交配

2. 人工授精

猪人工授精技术（AI）是以种猪改良和商品猪的生产为目的而采用的最简单有效的方法，是进行科学养猪、实现养猪生产现代化的重要手段。

表 6-4 人工授精与自然交配成本比较

1年配1000头母猪的猪场	自然交配	人工授精
所需公猪	40 头	4 头
饲料消耗（设750kg/头、年）	30000kg	3000kg
饲料费用（1500元/头、年）	60000 元	6000 元
年淘汰公猪	13 头	2 头
购种猪费用（3000元/头）	39000 元	6000 元
以上两项节省费用	0 元	87000 元
人工授精配1000头母猪费用（33元/头）		33000 元
人工授精可节约费用		54000 元

二、妊娠母猪的饲养管理

妊娠母猪饲养管理的中心任务是保证胚胎和胎儿能在母体内得到充分的生长发育，防止化胎、流产和死胎的发生，使母猪每窝生产出数量多、初生体重大、体质健壮和均匀整齐的仔猪。同时使母猪有适度的膘情和良好的泌乳性能。

体况要求：经产母猪七八成膘，初产母猪八成膘。

（一）早期妊娠诊断

为了缩短母猪的繁殖周期，增加年产仔窝数，需要对配种后的母猪进行早期妊娠诊断。主要常用方法有以下几种：

1. 外部观察法

一般来说，母猪配种后，经一个发情周期未表现发情，基本上认为母猪已妊娠，其外部表现为："疲倦贪睡不想动，性情温驯动作稳，食欲增加上膘快，皮毛发亮紧贴身，尾巴下垂很自然，阴户缩成一条线。"但配种后不再发情的母猪并不绝对肯定已妊娠，同时要注意个别母猪的"假发情"现象，即表现为发情征状不明显，持续时间短，不愿接近公猪，不接受爬跨。

2. 超声波测定法

利用超声波感应效果测定动物胎儿心跳数，从而进行早期妊娠诊断。配种后 20～29d 的诊断准确率为 80%，40d 以后的准确率为 100%。

3. 诱导发情检查法

在发情结束后第 16～18d 注射 1mg 己烯雌酚，未孕母猪在 2～3d 内表现发情；孕猪无反应。

（二）预产期的推算

母猪配种时要详细记录配种日期和与配公猪的品种及耳号。一旦认定母猪妊娠就要推算出预产期，便于饲养管理，做好接产准备。母猪的妊娠期为 110～120d，平均为 114d。推算母猪预产期均按 114d 进行，常用以下两种方法推算：

（1）三、三、三法：为了便于记忆可把母猪的妊娠期记为三个月三个星期零三天。

（2）配种月加 3，配种日加 20 法：即在母猪配种月份上加 3，在配种日子上加 20，所得日期就是母猪的预产期。例如，2 月 1 日配种，5 月 21 日分娩；3 月 20 日配种，7 月 10 日分娩。

（三）妊娠母猪的饲养

妊娠母猪饲养成功的关键，是在妊娠期要给予一个精确的配合日粮，以保证胎儿良好的生长发育，最大限度的减少胚胎死亡率，并使母猪产后有良好的体况和泌乳性能。饲养方式根据母猪的体况和生理特点分以下几种：

（1）"抓两头顾中间"：适于断奶后膘情差，体况瘦小的经产母猪，这类猪在猪群中占多数。前头指配种前 10d 至妊娠后 20d，加喂精料；中期指体况恢复后，以青粗料为主并按饲养标准喂养；后头指妊娠 80d 以后，加喂精料。

（2）"前粗后精"：适用于配种前体况较好的经产母猪。因为妊娠初期胎儿很小，加之母猪膘情好，这时按配种前的营养需要在日粮中可以多喂给青粗饲料，基本上就能满足胎儿生长发育需要，到后期再加喂精料。

（3）"步步登高"：适用于初产母猪。主要此时初产母猪还处于生长发育阶段，所需营养多。因此在整个妊娠期的营养水平，是根据胎儿重量的增长而逐步提高，到分娩前一个月达到最高峰。

不论是哪一类型的母猪，妊娠后期（产前 90~3d）都需要短期优饲。一种办法是每天每头增喂 lkg 以上的混合精料；另一种办法是在原饲粮中添加动物性脂肪或植物油脂（占日粮的 5%~6%）。

（四）妊娠母猪的管理

1. 小群饲养和单栏饲养

小群饲养就是将配种期相近、体重大小和性情强弱相近的 3~5 头母猪在一圈饲养。到妊娠后期每圈饲养 2~3 头。小群饲养的优点是妊娠母猪可以自由运动，食欲旺盛，缺点是如果分群不当，胆小的母猪吃食少，影响胎儿的生长发育。

单栏饲养也称定位饲养，优点是采食量均匀，缺点是不能自由运动，肢蹄病较多。

2. 保证质量，合理饲喂

保证饲料新鲜、营养平衡，不喂发霉变质和有毒的饲料，供给清洁饮水。饲料种类也不宜经常变换。配种后一个月内母猪应适当减料（仅供正常量的 80%），防止采食过量，体内产热引起胚胎死亡。怀孕后期（85d 起）应加料 30%~50%，促进胎儿生长。

3. 耐心的管理

对妊娠母猪态度要温和，不要打骂惊吓，经常触摸腹部，可便于将来接产管理。每天都要观察母猪吃食、饮水、粪尿和精神状态，做到防病治病，定期驱虫。

4. 注意观察

注意巡查母猪是否返情（尤其是配种后 18~24d 和 40~44d），若有应及时再配，防止空养；对屡配不孕药物处理无效者及时淘汰。

5. 良好的环境条件

保持猪舍的清洁卫生和栏舍的干燥，注意防寒防暑，有良好的通风换气设备。保持猪舍安静，除喂料及清理卫生外，不应过多骚扰母猪休息。

三、分娩前后母猪的饲养管理

（一）分娩前的准备

1. 产房的准备

准备的重点是保温与消毒，空栏 1 周后进猪。产房要求干燥（相对湿度 60%~75%）、保温（产房内温度 15~20℃），阳光充足，空气新鲜。

2. 用具的准备

产前应准备好高锰酸钾、碘酒、干净毛巾、照明用灯，冬季还应准备仔猪保温箱、红外线灯或电热板等。

3. 母猪的处理

产仔前一周将妊娠母猪赶入产房，上产床前将母猪全身冲洗干净，驱除体内外寄生虫，这样可保证产床的清洁卫生，减少初生仔猪的疾病。产前要将猪的腹部、乳房及阴户附近的污物清除，然后用 2%~5% 来苏尔溶液消毒，然后清洗擦干。

（二）临产征兆

归纳起来为：行动不安；起卧不定；食欲减退；衔草作窝；乳房膨胀；具有光泽；挤出奶水；频频排尿；阴门红肿下垂；尾根两侧出现凹陷。有了这些征兆，一定要有人看管，做好接产准备工作。

（三）接产

母猪分娩的持续时间为30min到6h，平均约为2.5h，平均出生间隔为15~20min。产仔间隔越长，仔猪就越弱，早期死亡的危险性越大。对于有难产史的母猪，要进行特别护理。

母猪分娩时一般不需要帮助，但出现烦躁、极度紧张、产仔间隔超过45min等情况时，就要考虑人工助产。

1. 接产技术

（1）临产前应让母猪躺下，用0.1%的高锰酸钾水溶液擦洗乳房及外阴部。

（2）三擦一破：用手指将仔猪的口、鼻的黏液掏出并擦净，再用抹布将全身黏液擦净；撕破胎衣。

（3）断脐（一勒二断三消毒）：先将脐带内的血液向仔猪腹部方向挤压，然后在距离腹部4cm处用细线结扎，而后将外端用手拧断，断处用碘酒消毒，若断脐时流血过多，可用手指捏住断头，直到不出血为止。

（4）剪犬齿：用剪齿钳将初生仔猪上下共8颗尖牙剪断，剪时应干净利落，不可扭转或拉扯，以免伤及牙龈。

（5）断尾：为防止日后咬尾，仔猪出生时应在尾根1/3处用钝钳夹断；若为利剪则须止血消毒。

（6）必要时做猪瘟弱毒苗乳前免疫，剂量3头份。切记凡进行乳前免疫的仔猪注射疫苗后1~2h开奶。

（7）及时吃上初乳：仔猪出生后10~20min内，应将其抓到母猪乳房处，协助其找到乳头，吸上乳汁，以得到营养物质和增强抗病力，同时又可加快母猪的产仔速度。

（8）应将仔猪置于保温箱内（冬季尤为重要），箱内温度控制在32~35 ℃。

（9）做好产仔记录，种猪场应在24h之内进行个体称重，并剪耳号。

2. 助产技术

（1）难产原因：母猪过肥过瘦；胎儿过大；近亲繁殖；长期缺乏运动；产房嘈杂使母猪神经紧张；母猪先天性发育不全等。

（2）人工助产的方法：

①将指甲磨光，先用肥皂洗净手及手臂，再用2%来苏儿溶液或0.1%高锰酸钾水将手及手臂消毒，涂上凡士林或油类。

②将手指捏成锥形，顺着产道徐徐伸入，触及胎儿后，根据胎儿进入产道部位，抓住两后肢或头部将小猪拉出；若出现胎儿横位，应将头部推回子宫，捉住两后肢缓缓拉出；若胎儿过大，母猪骨盆狭窄，拉小猪时，一要与母猪努责同步，二要摇动小猪，慢慢

拉动。

③助产过程中，动作必须轻缓，注意不可伤及产道、子宫，待胎儿胎盘全部产出后，于产道局部抹上青霉素粉，或肌注青霉素，防止母猪感染。

（四）分娩前后的护理

（1）临产前 5~7d 应按日粮的 10%~20% 减少精料，并调配容积较大而带轻泻性饲料，可防止便秘，小麦麸为轻泻性饲料，而对体况差、乳少或无乳的，则应加强饲养，增喂动物性饲料或催乳药等。

（2）分娩前 10~12h 最好不再喂料，但应满足饮水，冷天水要加温。

（3）分娩后第一天基本不喂，但要喂热麸皮盐水等，第二天视食欲逐步增加喂量，但不应喂的过饱，且饲料要易消化，一周后恢复正常。日喂 3~4 次，喂量大于 6kg/d。在母猪增料阶段，应注意母猪乳房的变化和仔猪的粪便。若食欲下降，及时查找原因，尽快改善。

（4）在分娩时和泌乳早期，饲喂抗生素能减少母猪子宫炎和分娩后短时间内偶发缺乳症。

四、泌乳母猪的饲养管理

工作目标是为仔猪提供质优量多的乳汁，保证仔猪正常生长发育；同时要维持母猪良好的体况，保证断奶后能正常发情配种。

（一）猪乳的成分

猪乳可分为初乳与常乳，分娩后 3d 以内的乳为初乳，初乳为初生仔猪提供抗体，有学者还提出初乳还能提供其他因子而促进仔猪肠道的生长发育。初乳干物质和蛋白质较常乳高，而乳脂、乳糖、灰分等较常乳低。

（二）泌乳母猪的饲养

一头哺乳母猪的日产奶量大约为 7kg。一般靠消耗背膘来泌乳，哺乳期在一定程度上会减轻一些体重，因此，要通过适宜饲养来控制体重的减轻程度。如果母猪在分娩后 7d 不能很好的哺乳，就要检测日粮，特别注意钙和磷的水平。

（1）合理投料：饲喂哺乳料，并根据阶段、仔猪数量及母猪膘情合理安排饲喂量。原则是前后少，中间多。

产仔当天停料，喂麸皮汤，产后每头仔猪第 1~4d 喂 1~2.5kg/d；第 5~6d 喂 2+0.2kg/d，第 7d 后喂 2+0.4kg/d；断奶前 3d 开始减料，每头仔猪喂 2+0.3kg/d，断奶当天停料。

（2）少喂多餐：每天 3~4 次。有条件的场可加喂一些优质青绿饲料。

（3）饮水和投青料：给予母猪充足干净的饮水，绝不能断水。最好喂生湿料（料：水 = 1：0.5~0.7)，如有条件可以喂豆饼浆汁。

（三）泌乳母猪的管理

（1）保持良好的环境：粪便要随时清扫，保持清洁干燥和良好的通风，如果栏圈肮脏潮湿会影响仔猪的生长发育，严重的会患病死亡。冬季应注意防寒保温，哺乳母猪产房应有取暖设备，防止贼风侵袭。在夏季应注意防暑，增设防暑降温设施，防止母猪中暑。

（2）保护母猪的乳房：母猪乳房乳腺的发育与仔猪的吸吮有很大关系，特别是头胎母猪，一定要使所有的乳头都能均匀利用，以免未被吸吮利用的乳房发育不好影响泌乳量。圈栏应平坦，特别是产床要去掉突出的尖物，防止剐伤剐掉乳头。

（3）保证充足的饮水：母猪哺乳的需水量大，每天达32L。只有保证充足清洁的饮水，才能有正常的泌乳量。产房内要设置乳头式自动饮水器（流速1L/min）和储水设备，保证母猪随时都能饮水。

（4）饲料结构：要相对稳定，不要频变、骤变饲料品种，不喂发霉变质和有毒饲料，以免造成母猪乳质改变而引起仔猪腹泻。

（5）注意观察：要及时观察母猪吃食、粪便、精神状态及仔猪的生长发育，以便判断母猪的健康状态。

五 、空怀母猪的饲养管理

空怀母猪：指未配或配种未孕的母猪。

工作目标：促使青年母猪早发情、多排卵、早配种，以达到多胎高产的目的；对断奶母猪或未孕母猪，积极采取措施组织配种，缩短空怀时间。

经产母猪常年处于紧张的生产状态，在配种准备期要供给营养全面的日粮，保持种用体况。母猪过肥会出现不发情、排卵少、卵子活力弱和空怀等现象；母猪太瘦也会造成产后发情推迟等不良后果。

（一）短期优饲

配种前为促进发情排卵，要求适时提高饲料喂量，对提高配种受胎率和产仔数大有好处。尤其是对头胎母猪更为重要。对产仔多、泌乳量高或哺乳后体况差的经产母猪，配种前采用"短期优饲"办法，即在维持需要的基础上提高50%~100%，喂量达3~3.5kg/d，可促使排卵；对后备母猪，在准备配种前10~14d加料，可促使发情，多排卵，喂量可达2.5~3.0kg/d，但具体应根据猪的体况增减，配种后应逐步减少喂量。

（二）饲养水平

断奶到再配种期间，给予适宜的日粮水平，促使母猪尽快发情，释放足够的卵子，受精并成功地着床，初产青年母猪产后不易再发情，主要是体况较弱造成的。因此，要为体况差的青年母猪提供充足的饲料，以缩短配种时间，提高受胎率。配种后，立即减少饲喂量到维持水平。对于正常体况的空怀母猪每天的饲喂量为1.8kg。

在炎热的季节，母猪的受胎率常常会下降。一些研究表明，在日粮中添加一些维生素可以提高受胎率。

（三）空怀母猪的管理

有单栏饲养和小群饲养两种方式。小群饲养的母猪可以自由活动，特别是设有舍外运动场的圈舍，可促进发情。

每天早晚两次观察记录空怀母猪的发情状况。喂食时观察其健康状况，及时发现和治疗病猪。

第五节　仔猪的饲养管理

一、初生期饲养管理

初生时的技术关键在于 5 个方面：①接生；②确保仔猪吃上初乳；③固定乳头；④防寒保暖、防压、防病；⑤哺乳母猪的饲养管理。

（一）接生

仔猪出生后，应及时擦干鼻、口和全身黏液，剪脐带（留 3~5cm，并用碘酒消毒），然后放入保温箱内。接生结束后立即清除舍内胎衣和已污染的垫草，防止母猪吃掉胎衣养成咬食仔猪的恶癖。被污染的垫草不清除，污物会腐败引起病原微生物大量繁殖和散发恶臭，对仔猪的健康造成威胁。

（二）确保仔猪吃上初乳

母猪分泌的乳汁分初乳和常乳两种。初乳主要是产仔后 24h 之内分泌的乳汁，比常乳浓，含有丰富的蛋白质和免疫球蛋白，是哺乳仔猪不可缺少的营养物质，让初生仔猪吃足初乳，是增强仔猪抗病力的重要措施。

（三）固定乳头

要使仔猪生长均匀、全活全壮，必须人为辅助固定乳头。乳猪生下来第一次哺乳之前，必须根据个体情况和分娩先后顺序调整固定乳头。把初生的仔猪按"大个体居后"的原则排序。

（四）保温防冻、防压、防病

由于仔猪出生时体温调节机能不健全，对低温特别敏感，分娩栏舍内应安装好保暖设备。特别要注意 7 日龄以内仔猪的保暖工作，保温箱温度必须保持 32℃ 左右，以后每周降低 2℃，直到 22℃。母猪产后应特别注意保持产房干燥，要勤换垫草，以利保温。同时，由于母猪产后体质相对较弱，体躯大，起卧时极易压死仔猪，因此防压工作必须做好。此外，还要加强环境消毒，尽量减少小环境中的病原微生物，以防发生疾病。仔猪在 3 日龄时要注射铁硒针剂，防止缺铁性贫血。

（五）哺乳母猪的饲养

哺乳母猪的饲养管理直接关系仔猪的健康。刚出生的仔猪不能吃过浓的母乳，这样会引起拉稀。分娩前三天减少精料喂量，一般在怀孕后期饲喂的基础上降低 30% 左右。分娩当天必须停止喂料。临产前喂适量盐水，促进水、电解质平衡。分娩后第二天才开始喂料，饲喂量以 1kg/d 为准。以后每天递增 0.25~0.5kg，直到正常采食量。另外，分娩的当天要给母猪注射抗菌素，防止母猪产道因分娩引起细菌性感染，还能有效预防乳房内膜炎、乳房炎等产科病，这是一种已被普遍采用的有效措施。

二 、补料及诱食期饲养管理

仔猪生长发育极为迅速，但在获得充分营养物质的前提下才能达到快速生长的目的。从母猪泌乳的规律分析，泌乳的高峰期在产后 3~4 周左右，随后逐渐下降。在泌乳的高峰期，乳汁的营养都很难满足仔猪生长的营养需要，所以要及时补料，这样既能有效防止仔猪腹泻，又可以满足仔猪生长的营养需要，有效提高仔猪的断奶重量。一般采用第 5d（常见的是 7d）开始诱食、补料。但是补料要注意以下一些基本的环节。

早期诱食：在早期诱食可以促进消化功能增强，但补料时必须考虑所用饲料的成分。现在常用的是人工乳。

诱食教槽的方法为：人工乳兑水（冷天使用热水，热天使用凉水）制成 10% 的奶水，放在一个教槽盘里，以 20min 喝完的量为宜，每天 5 次以上；另一个教槽盘中投放干料，最好少量多添，以免浪费。在准备好诱食的同时将自动供水设施加高，限制仔猪饮水，仔猪渴了自然会饮用配制的奶水，嘴馋时可以舔食干料，坚持 5d 的时间就会起到很好的效果。以这样的方法，通常 15d 后小猪即可学会吃料，21d 以后可以断奶。

三、断奶、保育期饲养管理

（一）断奶

仔猪体重在 5.0kg 以上（最好在 5.5~6.0kg），且完全学会吃料即满足了断奶的要求。断奶之前要留意当地天气预报，尽可能选择晴天或无气温突变的日子进行断奶。确定断奶日期后，前 3d 必须减少母猪的采食量。断奶的具体方法有逐渐断奶、分批断奶、一次性断奶三种。现代猪场都使用一次性断奶的方法，断奶时采用赶走母猪的方式，尽量减少环境的改变，在这样的措施之下遵循"两维持、三过渡"，即尽量维持原圈饲养，维持原来的饲料，做到环境条件、饲料、饲养制度的逐渐过渡。

（二）饲料和饲养制度的过渡

在留群进行环境过渡的同时，可以进行饲料和饲喂制度的过渡。断奶后 7~10d 为饲料和饲喂制度的过渡时期。从断奶后第 2d 开始，逐渐在仔猪以前饲用的乳猪料中添加小猪料，添加时按比例每天递增；饲喂量也据仔猪的进食情况逐渐增加，开始的饲喂量为自身体重的 5% 左右，少喂勤添，以 5~6 次/d 为宜，如没有出现因过食而引起的腹泻现象再逐渐添加至自由采食量，这样仔猪会获得理想的断奶重量。

（三）要注意给仔猪供应清洁的饮水

定期检查自动饮水器，防止因饮水不足引起仔猪腹泻或影响仔猪正常的生长发育。此外，断奶仔猪对温度的要求仍然很高，但是在确保舍内温度的同时不要忽略贼风的危害。湿度要求控制在 65%~75%。

（四）保育

保育是巩固断奶过渡时期成果的重要阶段，要注意基础设施的维修与更新，饲养管理更是关键所在。仔猪保育阶段的饲养最好在网床式的保育舍进行，验证表明，网床饲养的仔猪（35~70 日龄）与地面养育仔猪相比，日增重提高 15%，日采食量增加 12.6%。但网床饲养要注意密度，每头仔猪以 0.3~0.4m² 为宜。

（五）饲养管理

必须严格按免疫程序进行免疫，饲喂注意给予足量的饲料，要定时、相对定量，避免浪费，饲喂次数 5 次/d，在晚上 9：30 时饲喂一次，可以明显增加日增重；另外，栏舍定期彻底清洗消毒，平常勤清扫，保持舍内干燥，同时尽可能给予仔猪安静的环境。

第六节　生长育肥猪的饲养管理

肉猪的喂养是养猪生产中最后的一个环节。喂养肉猪占用的资金多、耗料多。因此对整个养猪生产关系重大，又与经济效益所系。养肉猪的目的是以最少的饲料和劳动力，在尽可能短的时间内、获得成本最低、数量最多，质量最好的猪肉，获得最佳的经济效益，以满足人们的肉猪和外贸的需要。

一、养肉猪前的准备

猪的育肥前准备工作一般包括：圈舍的消毒、去势、预防接种、驱虫等。

肉猪按其生长发育阶段可划分为三个时期，即小猪阶段（体重 20~35kg 的生长期），中猪阶段（体重 36~60kg 的发育期），大猪阶段（体重 61~90kg 以上的育肥期）。其中小猪阶段是养好育肥猪的关键之一，为确保育肥的健康生长发育，应做好以下准备工作。

（一）栏舍消毒

目的是避免肉猪感染传染病和寄生虫的侵袭。消毒前，搞好栏舍的维修、消除粪便、垫草等污物，用水冲洗地面，然后对栏、舍内地面、墙壁进行消毒。消毒方法：用 3% 的烧碱水喷洒或用 20% 的石灰乳粉刷墙壁。

（二）去势

供肥育的猪仔进行去势：去势的时间一般是小公猪生后的 10~15d，小母猪在生后的 25~35d 左右，去势时间尽量避免仔猪有病时进行。如果是饲养纯种的瘦肉型猪，其母猪可不去势，因这些猪生长发育快，未性成熟时可达得屠宰体重。

（三）预防接种

作为育肥用的猪在仔猪阶段一定要在转栏前做好两次猪瘟疫苗注射，在转栏时再进行其他疫（菌）苗注射，以后可根据疫病流行情况，由技术部门统一布置打上其他疫菌苗。以防止较严重的传染病感染，确保肉猪健康生长。

（四）驱虫

肉猪在进栏时，进行一次性驱除体内寄生虫，以后间隔每 2 个月驱虫一次。药物可用盐酸左旋咪唑片按每 3kg 活猪重口服 1 片混入少量的较好饲料在晚上投喂；或者磷酸左旋咪唑注射液按每公斤体重注射 5 毫克。

体外寄生虫（疥螨、虱子等）可选用消灭清、百虫灵、1.5%敌百虫溶液等外涂或喷洒。

（五）选好育肥用的仔猪

选猪要领：

（1）最好是选新长白公猪与本地东山母猪杂交的猪苗。杂种猪比本地猪日增重提高20%~30%，饲料利用率高10%~15%，瘦肉率高8%~11%，三品种杂交猪又比二品种杂交猪提高日增重10%~15%，饲料利用率高8%~10%，瘦肉率高6%~8%。

（2）选仔猪走动灵活，眼睛明亮，尾常摆动，粪便成条状，被毛光亮，无皮肤病，做过免疫。

（3）体重：在同窝断奶杂交仔猪中，体重较大，一般2月龄体重达10~15kg，75~90日龄达20~30kg以上。

（4）外型：体躯各部位发育均称，一般应选：头短宽、背腰平、宽、批、体型高大、前后躯发达，肚腹充实不下垂，四脚高，尾根粗大。

二、肉猪的饲养管理综合技术

（一）合理分栏

按体重大小，体质强弱，吃料快慢进行分群合栏，同栏猪只，小猪阶段的体重大小不宜超过5kg，中猪不宜超过10kg，分栏合群时应采取"留弱不留强""拆多不拆少""夜并昼不并"等方法，分群合栏后要保持相对稳定，否则，任意变动猪群，都会引起猪搔动不安、咬架、影响猪的采食，睡觉乃至生长。

（二）耐心调教

调教猪只养成在固定地点吃、拉、睡和互不相争吃的习惯，不仅可简化日常管理工作，减轻劳动强度，又能保持栏内的清洁干燥，给猪造成舒适的、生活环境。猪喜欢睡卧，在适宜的栏养密度下，约有60%的时间卧或睡。调教猪，重点是对新合群和新调栏猪中防止强夺弱食、打架，给猪养成吃、拉、睡三角定位。关键要抓得早（在猪入栏时立即抓紧调教）、抓得勤（勤守、勤赶、勤教）才能奏效。

（三）合理配合肥育猪的饲料，保证营养水平

肥育猪的饲粮必须营养全面平衡，不仅要能满足维持正常生命活动的需要，还能提供较多的营养以满足生长（增重）的需要。一头体重20kg的幼猪，维持正常生命活动需要1.42Mcal消化能，折成配合饲料约需0.5kg（含3.0Mcal/kg），而每增重1kg活重平均需1.3~2kg配合料。当猪的体重达到40~60kg时，每增重1kg约需3.0kg配合料，说明猪的饲料粮应随体重的不同而变化。猪在幼龄时。饲料中的蛋白质水平应比体重大的猪高。

（四）饲料的能量水平

由于生长肥育猪对能量的利用是在满足维持需要以后，多余的才用来生长脂肪和肌肉

等，所以饲料中能量水平的高低，可影响其增重速度，也就是说饲料中的能量水平高时增重速度快，反之增重速度慢甚至不增重。不仅增重速度受饲料能量水平的影响，饲料利用率亦受饲料能量水平的影响；故肥育猪饲料的能量水平以每 kg 含消化能 3.0~3.1Mcal 为宜，最低限度也需 2.8~2.9Mcal。

（五）饲料的蛋白质水平

育肥猪的合理蛋白质水平，要看是什么杂种猪而言，因不同杂交猪的瘦肉率是不同的，如用我国的地方猪与国外瘦肉猪杂交的二元杂种猪，瘦肉率领大约为 46%~50%。三元杂的瘦肉率平均在 50%~55%，说明瘦肉率越高的杂种猪，其饲料蛋白质水平应当高一些，此外，猪在幼龄期，饲料的蛋白质水平也要高一些。虽然蛋白质水平与瘦肉率有一定关系，但是并不是越高越好，当日粮中的蛋白质水平差异较大时可以提高瘦肉率 1%~3%，当蛋白质水平达 25% 时，瘦肉率几乎无明显提高，所以若用高价蛋白饲料仅多增到 1%~3% 的瘦肉率，在经济上肯定是不合算的。在考虑蛋白质水平时，还要注意氨基酸的平衡作用，如果饲料的蛋白质水平降低些，而氨基酸达到平衡，特别是赖氨酸得天独厚到满足，其效果比提高蛋白质水平还好。

（六）饲料中的粗纤维水平

无论饲养什么杂种的肥育猪，其饲料中均含有一定的粗纤维。粗纤维有助于饲料在肠道中运行、也可防止猪拉稀。但粗纤维过多，就会影响其他饲料的消化率，阻碍猪的增重。在肥育猪的饲料中粗纤维的体重含量应控制在 10~30kg 阶段，粗纤维不宜超过 3.5%，30~60kg 阶段不要超过 4%，60~90kg 阶段不要超过 7%。

三、改革饲喂方式

（一）改熟料喂为生喂

青饲料、谷实类饲料、糠麸类饲料，含有维生素和有助于猪消化的酶，这些饲料煮熟后，破坏了维生素和酶，引起蛋白质变性，降低了赖氨酸的利用率，有人总结 26 个系统试验的结果，谷实饲料由于煮熟过程的耗损和营养物质的破坏，利用率比生喂的降低了 10%。同时熟喂还增加设备、增加投资、增加劳动强度、耗损燃料。所以一定要改熟喂为生喂。

（二）改稀喂为干湿喂

有些人以为稀喂料可以节约饲料，其实并非如此。猪快不快长不是以猪肚子胀不胀为标准的，而是以猪吃了多少饲料，这些饲料中含有多少蛋白质、多少能量及其他利用率为标准的，稀料喂猪有如下缺点：①水分多，营养干物质少，特别是煮熟的饲料再加水，干物质更少，影响猪对营养的采食量，造成营养的缺乏，必然长得慢；②水不等于饲料，因它缺乏营养干物质，如在日粮中多加水，猪喝入后时间不久排出体外，猪就感到很饿，但又吃不着东西，结果情绪不安、跳栏、撬墙、犁粪；③影响饲料营养的消化率，我们知道饲料的消化依赖口腔、胃、肠、胰分泌的各种蛋白酶、淀粉酶、脂肪酶等把营养物质消化、吸收。喂的饲料太稀，猪来不及咀嚼，连水带料进入胃、肠，影响消化，也影响胃、肠消化酶的活性，酶与饲料没有充分接触，即使接触，由于水把消化液冲淡，猪对饲料的利用率必然降低；④喂料过稀，易造成肚大下垂，屠宰率必然下降。采用干湿喂是改善饲料的饲养效果的重要措施，应先喂干湿料，后喂青料，自由饮水。这样既可增加猪对营养物质的采食量，又可减少因尿多造成的能量损耗。

（三）改先拖后攻的育肥法

我们知道猪前期生长快，需要的蛋白质饲料多，后期主要是长脂肪，需要的能量饲料多，采用先拖架子后催肥的饲养方法。由于前期蛋白质饲料少，营养水平低，不能满足猪需要，必然影响生长，到后期是长脂肪的时候，用木薯、大米等能量饲料猛攻充分满足脂肪的生长，必须脂肪多，板油厚、猪价高。我们要改先拖后攻为先攻后限或直线育肥，在猪的前期喂给营养价值高而全价的饲料，让肌肉充分生长，到后期就限制能量饲料的用量，起抑制脂肪的目的，达到猪快长、肥肉少、瘦肉多、卖价高的目的。

四、喂法及餐数

肉猪的喂法主要是定时喂、定质喂、定量喂，喂时要先喂精饲料，后喂青饲料，精料干湿喂青料生喂，同时做好少给勤添。水、让猪自由饮用。喂的餐数小猪阶段 3～4 餐，中、大猪阶段 3 餐为好。还应该注意不要突然改变饲料；不要喂霉坏变质的饲料或过粗、过细的饲料；小猪阶段统糠的喂量不宜超过日粮的 15%。

五、适宜地选择屠宰期

肥育以何时结束进行屠宰比较适宜，要取决于多种因素。屠宰太早，猪的生长尚未充分，肉质不好，也不经济，屠宰太晚，饲料消耗多且背膘增厚，消费者不欢迎。适宜的屠宰期应当兼顾生产者与消费者的利益，此外，应适时适地选择出栏体重。饲养肥育猪经济效益的好坏与肥育猪的增重速度、饲料利用率与屠宰率等因素有关。一般猪的年龄和体重越小，饲料利用率越高，随着体重的增长，饲料消耗相应增多，所以肥育猪养得愈大，消耗的饲料也愈多，从经济上不合算。相反，若没有达到屠宰体重，虽然饲料利用高一些，但肥育不够，肉质欠佳，屠宰率低，也不符合经济原则。因此，应重为适宜屠宰体重时出栏符合生产者的利益，但是，商品肥育猪主要应满足消费者的需要，因消费者都要求瘦肉多，所以育肥猪的屠宰体重可在 90kg 左右。

第六章

猪的卫生健康管理

第一节　猪场的环境卫生和消毒

猪的疫病主要是由病原微生物的传播引起的，而病原微生物理想的栖息场所是猪舍，也就是说病原微生物生存于猪舍的各个角落，包括空地、舍内、空气等场所，因此防止病原微生物的繁殖生长及传播是保护猪群健康的关键，也就是不给病原微生物提供生存之地、传播之路。在养猪的过程中，注重给猪群提供一个良好的卫生环境和实施有效的消毒措施，才能降低猪只生长环境中的病原微生物数量，从而减少猪疫病的发生。

一、猪场的日常环境卫生和消毒

（一）日常环境卫生

（1）每天及时打扫圈舍卫生，清理生产垃圾，保持舍内外卫生干净整洁，所用物品摆放有序。生产垃圾，即使用过的药盒、药瓶、疫苗瓶、消毒瓶、一次性输精瓶等用后立即焚烧或妥善放在一处，适时统一销毁处理。饲料袋能利用的返回饲料厂，不能利用的焚烧。

（2）每天必须进圈内打扫清理猪的粪便，尽量做到猪、粪分离。若是干清粪的猪舍，每天上、下午及时将猪粪清理出来堆积到指定地方；若是水冲粪的猪舍，每天上、下午及时将猪粪打扫到地沟里用清水冲走，保持猪体、圈舍干净。

（3）猪舍注意通风换气。冬季做到保温，但为保持舍内空气流通，冬季可用风机通风5~10min（各段根据具体情况通风）。夏季保持通风不但可以防暑降温，还可排出有害气体。

（4）四季灭鼠，夏季灭蚊蝇。鼠药每季度投放一次，注意要投放对人、猪无害的鼠药。在夏季来临时在饲料库投放灭蚊蝇药物或喷洒灭蚊蝇药。

（二）定期消毒的措施

（1）生产区各单元门口建有消毒池，人员进出时，双脚必须踏入消毒池，消毒池必须保持消毒溶液的有效浓度，消毒池的火碱浓度要达到3%，每隔3d换1次。

（2）外出员工或场外人员进入生产区必须经过"踏、照、洗、换"四步消毒程序方能进入场区，即踏火碱池或垫、照紫外线5~10min、进洗澡间洗澡、更换衣服和鞋。

（3）进入场区的物品照紫外线 30min 后方可进生产区，不怕湿的物品浸润消毒液后进入场区，或熏蒸一次后进入场区。

（4）外购猪车辆在装猪前严格喷雾消毒 2 次，装猪后对使用过的装猪台、秤、过道及时进行清理、冲洗、消毒。

（5）各栋舍内按规定打扫卫生后带猪喷雾消毒一次，外环境根据情况消毒，每周 2 次或每周 3 次或每周 1 次。舍外生产区、装猪台、焚尸炉都要消毒，不留死角。各种消毒药轮流交叉使用。

（三）常用消毒剂的种类

（1）碘制剂。威力碘、速效碘等，如Ⅰ型速效碘，若用于猪舍消毒可配制 300~400 倍稀释液，若用于饲槽消毒可配制 350~500 倍稀释液，杀灭口蹄疫病毒可配制 100~150 倍稀释液。

（2）强碱类。火碱（NaOH 含量不低于 98%）溶液主要用于空舍、场区、外环境的消毒。石灰粉或石粉乳也可用于消毒，石灰粉既消毒又防潮，适用于产房、仔猪培育舍，也可撒在场区周围形成一条隔离带。

（3）季铵盐类。如百毒杀，使用浓度为 1∶1000~2000。

（4）醛类。甲醛又称福尔马林，根据浓度不同可用于手术消毒、环境消毒，也可做防腐剂。气体消毒用于猪舍、料库的消毒方法是：$1m^3$ 容积用 20mL 福尔马林，加等量水加热使其挥发成气体消毒；熏蒸消毒 $14mL/m^3$ 福尔马林加 $7g/m^3$ 高锰酸钾，熏蒸消毒 8~10h 或 24h。

（5）过氧化物类。如过氧乙酸，有效浓度为 18% 左右，喷雾消毒的浓度为 0.2%~0.5%，现用现配。

（6）氯制剂。如漂白粉、消毒威等，消毒威使用的浓度为 400~500 倍溶液喷雾消毒。

（四）使用消毒剂的注意事项

（1）稀释浓度是杀灭抗性最强的病原微生物所必需的最低浓度。

（2）任何有效的消毒必须彻底湿润被消毒物体的表面。

（3）消毒液作用的时间要尽可能长，保持消毒液与病原微生物接触，一般半小时以上效果较好。

（4）消毒前先清扫卫生，尽可能消除影响消毒效果的不利因素（粪、尿、垃圾）。

（5）现用现配，混合均匀，避免边加水边消毒现象。

（6）不同性质的消毒液不能混合使用。

（7）定期轮换使用消毒剂。

二、空圈舍后的环境卫生和消毒

空舍后遵循的卫生和消毒程序：清扫、消毒、冲洗、熏蒸消毒。

（1）每次转运猪之后的空舍，包括顶棚、门窗、走廊等平时不易打扫的地方，要彻底打扫一次。彻底清除舍内的残料、垃圾及门窗尘埃等，并整理舍内用具。产房空舍后把小猪料槽集中到一起，保温箱的垫板立起来放在保温箱上便于清洗，育成、育肥、种猪空舍后彻底清除舍内的残料、垃圾及门窗尘埃等，并整理舍内用具。

（2）把空圈先冲洗后用广谱消毒液消毒，产房每断奶一批、育成每育肥一批、育肥每出栏一批，先清扫，再用火碱雾化 1h 后冲洗、消毒、熏蒸、消毒。

①舍内设备、用具清洗。对所有的物体表面进行低压喷洒，浓度为 2%~3% 火碱，使其充分湿润，喷洒的范围包括地面、猪栏、各种用具等，浸润 1h 后再用高压冲洗机彻底冲洗地面、食槽、猪栏等各种用具，直至干净清洁为止。

②用广谱消毒液彻底消毒空舍所有表面、设备、用具，不留死角。消毒后用高锰酸钾和甲醛熏蒸 24h，通风干燥空置 5~7d。

③进猪前 2d 恢复舍内布置，并检查维修设备用具，维修好后再用广谱药消毒 1 次。

第二节　猪群的免疫程序

养猪要贯彻的原则是"防重于治"，就是做好疾病预防，预防好了，猪得病的几率就大大减少了，这样也节省了饲养成本，猪也能养的更好，更早出栏。疾病预防措施中最重要的就是做好猪群的免疫工作，目前很多猪场都知道要对猪群进行疫苗接种，可是有一些猪场，尤其是散养户，没有制定一套合理的免疫程序，不知道什么时候该接种什么疫苗，隔多久时间再接种第二次，出现疫苗乱打、漏打的现象，导致猪群免疫效果不好、免疫水平差，一旦病原微生物入侵，疾病在猪群中传播迅速，造成很高的发病率与死亡率。

所以，一个好的免疫程序是猪场稳定的基石。现提供猪场的免疫程序供大家参考，让养猪户知道什么时候接种什么疫苗，有一套合理的免疫程序，提高猪群免疫水平，降低猪群发病率和死亡率，各养猪户应该因地制宜，制定适合各猪场的一套免疫程序。

一、猪的免疫程序

（一）种公猪免疫程序

（1）每年春秋两季各肌肉注射 1 次猪瘟猪肺疫两联苗。

（2）每年春秋两季各肌肉注射 1 次猪丹毒疫苗。

（3）每年肌肉注射 1 次猪细小病毒疫苗。

（4）每年在右侧胸腔注射 1 次猪喘气病疫苗。

（5）每年 4~5 月注射 1 次乙型脑炎弱毒苗。

（6）每年春秋两季各注射 1 次猪传染性萎缩性鼻炎疫苗。

（7）每年春秋两季各注射 1 次猪口蹄疫 O 型灭活疫苗。

（二）种母猪免疫程序

（1）每年春秋两季各肌肉注射 1 次猪蔓猪肺疫两联苗。

（2）每年春秋两季各肌肉注射 1 次猪丹毒疫苗。

（3）每年肌肉注射 1 次猪细小病毒疫苗。

（4）每年在右侧胸腔注射 1 次猪喘气病疫苗。

（5）每年 4~5 月注射 1 次猪乙型脑炎弱毒苗。

（6）每年春秋两季各注射 1 次猪传染性萎缩性鼻炎疫苗。

（7）每年春秋两季各肌肉注射 1 次猪口蹄疫 O 型灭活疫苗。

（8）妊娠母猪于产前 40~42d 和产前 15~20d 各注射 1 次仔猪下痢菌苗以预防仔猪黄痢。

（9）妊娠母猪于产前 30d 和产前 15d 各注射 1 次红痢菌苗以预防仔猪红痢。

（三）仔猪免疫程序

（1）20 日龄和 70 日龄各肌肉注射 1 次猪瘟猪肺疫两联苗或在初生未吃初乳前立即接种一次。

（2）断乳时（30~35 日龄）和 70 日龄各肌肉注射 1 次猪丹毒疫苗。

（3）断乳时（30~35 日龄）口服或肌肉注射 1 次仔猪副伤寒疫苗。

（4）7~15 日龄右侧胸腔注射 1 次猪喘气病疫苗。

（5）60 日龄肌肉注射 1 次猪口蹄疫 O 型灭活疫苗。

（6）70 日龄肌肉注射 1 次猪传染性萎缩性鼻炎疫苗。

（四）后备猪免疫程序

（1）产前一个月肌肉注射 1 次猪瘟肺疫两联苗一次，选出做种猪时再接种一次。

（2）产前一个月肌肉注射 1 次猪细小病毒病疫苗

（3）后备母猪 4~5 月和配种前各肌肉注射 1 次猪乙型脑炎弱毒苗

（4）60 日龄肌注 1 次猪口蹄疫 O 型灭活疫苗，选做种猪时再肌注一次。

二、保证疫苗有效的注意事项

（1）接种的部位。正确的接种部位通常为耳后根肌肉注射。

（2）疫苗的质量。疫苗应冷藏贮存，购买疫苗时观察其是否从冰箱内取出，注意生产日期，保存方法，疫苗在运输途中注意冷藏。

（3）接种时猪的健康状况。疫苗的接种对象为健康的猪只，对发病的猪应隔离开，等康复后再接种。

（4）注意接种用具。注射器、针头在接种前后都应煮沸 20min。母猪每打 1 头更换 1 个针头，小猪每窝更换 1 个针头。

（5）接种时尽量做到应激小，可将猪放在栏舍一角，尽量减少抓猪。

（6）接种疫苗时，尽量减少抗生素的使用，特别是免疫细菌性疫苗时，因为使用抗生素会影响疫苗接种的效果。

第三节　猪的驱虫方案

一、猪寄生虫病的危害

猪寄生虫病不仅在中、小猪场危害严重，即使在治理良好、设备先进的大型猪场也有不同程度的存在。因它在大多数猪场或猪群中没有造成明显大量的死亡，往往易被忽视，但猪只感染寄生虫后只吃不长，饲料转化率明显下降，这种间接损失会占据经济效益的很大一部分。据调查，从仔猪到出栏，驱虫良好的猪每头可多得 20~40 元的回报。如今许多猪场对寄生虫病仍未能够得到有效地控制，其原因一是对猪寄生虫病的危害不够重视，二是对药物选择不当和防治方案不完善。只有做好猪寄生虫病的防治工作，才能把猪寄生虫病造成的损失降低到最低限度，有效提高经济效益。

二、猪的驱虫方案

一般在猪 45~60 日龄时是猪群的驱虫最佳的时期。但是，年年都有不少养猪户抱怨，猪群驱虫没有作用，还有一些养殖户说："为什么我的猪场也进行了驱虫，猪本来长得挺快的，采食量也可以，驱虫完以后反而出现一些症状了呢？"这些其实都是因为不会正确驱虫造成的。

猪场在驱虫时，选择什么时间驱虫？选择什么成分的驱虫药？驱虫药使用疗程和剂量如何确定等都会影响驱虫的效果。

（一）合理的驱虫方案

（1）种猪：驱体内外寄生虫 1 年 4 次（3 个月 1 次）。

（2）商品猪：驱体内外寄生虫 2 次（断奶后 1 周内驱虫 1 次，隔 3 个月后再驱虫 1 次）。

（二）驱虫药物的合理选择与使用

（1）对于体内外寄生虫，选用阿苯达唑加伊维菌素粉。

（2）猪群用药，首先计算好用药量，均匀拌入饲料中。驱虫 1 个疗程一般为 7d，同时要在固定地点饲喂，以便对场地进行清理和消毒。

（3）口服给药连续饲喂 1 周，间隔 7~10d 再饲喂 1 个疗程。

（三）猪群在驱虫时的注意事项

（1）使用驱虫药物时不可随意加大剂量，务必混合均匀，避免中毒。使用剂量过大，虫体在体内破碎，大量卵囊逸出排到环境中，导致猪只再次严重感染，加重寄生虫病危害。这也是很多猪场寄生虫病反复感染甚至驱虫后短时间感染加重的原因。

（2）驱虫后猪舍卫生要及时彻底清除，7d 内的粪便集中堆积发酵。这对提高驱虫效果至关重要。否则排出的虫体和虫卵又被猪食入，导致二次感染。地面、墙壁使用 20% 的石灰水消毒，减少二次感染的机会。

（3）驱虫用药后要特别注意对猪群的护理。给药后，仔细观察猪对药物的反应。出现异常及时处理。商品猪驱虫前要健胃，驱虫后做消炎处理。

第七章

生态养猪场的猪病防控

在养猪生产中，抗生素的使用泛滥，不仅造成严重的药物残留与生态环境的污染，而且造成病原体耐药性增强，危害动物性食品与人类健康的安全，应引起大家的高度关注。

生态养猪场是低能耗、低污染、低排放的养殖模式，这是目前我国养殖业发展的一种新模式，与国家提倡建设资源节约型和环境友好型社会的要求是一致的。因此，在养猪生产中要大力提倡在饲料中不要添加抗生素与激素类药物，可使用微生态制剂、中草药制剂与新型抗菌药物，即细胞因子制剂等，既安全、效果好、使用方便，又无药物残留，不产生耐药性，能保障动物性食品的安全，这是养殖业今后的用药方向。

第一节　影响猪疫病传播流行的各种因素

在猪疫病流行过程中，传染源、传播途径和易感动物是疫病传播的三大要素，患病猪或带病猪即为传染源，通过一定的传播途径传染给未患病的易感猪只。

一、传播途径

（一）空气传播

有些病原体存在于猪的呼吸道中，通过喷嚏、咳嗽和呼吸等形式排到空气中，被未患病的猪吸入体内而发生感染。有些病原体随着分泌物、排泄物排出，干燥后形成微小的颗粒或粘附在尘埃上，经过空气传播到很远的地方。经过这种方式传播的疾病主要有口蹄病、流感等。

（二）饲料和饮用水传播

猪的大多数传染病是通过被污染的饲料和饮用水传播的。病猪的分泌物、排泄物及尸体可直接进入饲料和饮用水中，也可通过污染加工储存和运输工具、设备、场所及经工作人员传播间接进入饲料和饮用水中，未患病的猪饮用含有病原体的水或食用含有病原体的饲料而感染。

（三）粪便传播

病猪粪便中通常含有大量的病原微生物，而病猪所在的圈舍就会被含有病原体的粪便、分泌物所污染。如大肠杆菌、沙门氏菌、葡萄球菌等都存在于粪便中，污染圈舍。如果不及时清除粪便、对圈舍进行消毒和合理分群,同舍猪群的健康就很难保证,同时还会殃及相邻的猪群。

(四) 设备和用具传播

猪场的一些设备和用具,尤其是几个猪群公用的场内外设备和用具常是疾病传播的媒介。

(五) 混群传播

成年猪经过自然感染和人工疫苗接种,获得了对某些传染病的免疫力,但这些猪病可能是带菌、带毒或带虫者,具有很强的传染性。如果将育肥猪、后备猪或新购入的猪与其混群饲养,往往会造成许多传染病的爆发和流行。

(六) 其他动物和人传播

自然界中的许多动物如狗、猫、鼠、飞禽及某些昆虫都可能成为猪传染病的媒介,它们既可机械性传播,又可以让一些疾病的病原体在自身体内寄生繁殖而发挥其传染源的作用,如鼠可以传播沙门氏菌病、弓形虫病,狗可以传播一些寄生虫病,猫能够传播弓形虫病,飞禽可以传播流感、支原体病,蚊子可以传播日本乙型脑炎等。

人也常常是猪病传播的重要因素。经常接触病猪的人所穿戴的衣服和鞋帽,以及他们的身体,一旦被病原体污染,如果没有进行彻底地清洗和消毒,就去接触健康猪群,很容易传播疾病。

(七) 交配传播

猪的某些传染病,如布鲁氏菌病等可通过猪的自然交配,或人工受精过程中未严格消毒而传播。

二、影响猪疫病传播流行的各种因素

猪疫病的流行受到各种自然因素和社会因素的影响。

(一) 自然因素的影响

1. 对传染源的影响

在一定的地理条件下形成的天然屏障会对传染源产生一定限制作用。一些便利的交通网络和畜禽交易集散地则可为传染源的转移提供通道,使传播范围扩大。

2. 对传播媒介的影响

不同的季节适宜不同的微生物生存。如在夏季,蚊蝇孳生繁殖,乙型脑炎、附红细胞体等随着吸血昆虫的增多发病率增高,而夏季温度较高,不利于病原的存活和传播,经空气传播的呼吸道疾病相对较少,反之,在冬季,气温较低,日照短,病原在外界适宜生存,呼吸道疾病发生率较高。

3. 对易感动物的影响

适宜的自然环境有助于猪只保持良好的抵抗力,不良的环境条件会降低或削弱猪的抵抗力。如高温条件下,猪只大量饮水,胃液酸度降低,杀菌能力下降,胃肠道疾病发生率提高，寒冷季节，猪只受凉，呼吸道黏膜屏障作用降低，易于发生呼吸道疾病。在饲养过程中，过度拥挤、惊吓、空气污浊、频繁疫苗接种都会使猪只产生应激，使机体抵抗力下降，而易发疾病。

（二）社会因素的影响

影响猪疾病传播流行的社会因素包括社会制度、生产力和人民经济、文化、科学技术水平等。社会因素即可能是造成动物传染病广泛流行的原因，也可以是有效消灭和控制疾病流行的关键。

第二节　免疫学在生态养猪生产中的应用

从上节内容可知，健康猪只的免疫力对猪疫病的流行至关重要。自身和外界环境中有一些导致猪产生免疫抑制的因素，从而使猪只免疫力下降，容易感染病原体。

一、导致猪免疫抑制的因素

（1）自身的免疫抑制。猪只患有免疫抑制类疾病或猪只衰老。

（2）营养不良。饲料中维生素和微量元素中某些成分的缺乏或过多均可导致营养性免疫抑制。

（3）毒物与毒素。霉菌毒素、重金属、工业化学物质和杀虫剂等可损害免疫系统，引起免疫抑制，如饲料中的黄曲霉毒素可降低猪对猪瘟的免疫力。

（4）药物。免疫接种期间时使用了免疫抑制药物，如地塞米松（糖皮质激素）、氯霉素（抗菌药）等。

（5）环境应激。如过冷、过热、拥挤、捕捉、混群、断奶、限饲、运输、噪音和保定等。

（6）病原体感染。如猪肺炎支原体感染损害呼吸道上皮黏液纤毛系统，猪繁殖与呼吸综合征病毒损伤机体的免疫系统和呼吸系统，特别是肺。

免疫抑制可导致低致病性微生物引起的疾病增多，如大肠杆菌病、链球菌病、副猪嗜血杆菌病等增多；反复感染难以控制的疾病增多，如蓝耳病、圆环病毒病、支原体感染等；不能充分对免疫接种做出应答，免疫接种后不能保护猪免受感染；不明原因的感染或死亡增多，如近年来出现的所谓"高热病"就是有多病原引起的一种复杂感染和混合感染，猪群中可同时检测到多种病原，但无法确定什么是原发性因素。

二、生态养猪生产的免疫学原理

（1）生态养猪中用到的微生态制剂，各种益生菌通过和有害菌占位、粘附、竞争性排斥，营养物质的争夺，减少有害菌存活的机会，同时在生长过程中产生的有机酸、细菌素、抗菌肽、溶菌酸及过氧化氢等物质，可抑制与排除有害细菌，维持机体肠道内微生态平衡，防止消化道与呼吸道各种疾病的发生。据有关研究报告，使用微生态制剂的猪群，猪的肠道疾病发病率减少25%，呼吸道疾病降低50%。

（2）益生菌的细胞壁上的肽聚糖，可刺激肠道的免疫细胞增加局部免疫抗体的数量，有利于增强动物机体的抗病力。乳酸菌分泌的免疫球蛋白 IgA 与分歧杆菌产生的胞壁酰二肽（MDP）均能活化巨噬细胞，诱导机体产生细胞因子，增强吞噬细胞和淋巴细胞的活性，提升体液免疫和细胞免疫的功能。

生态养猪通过微生态制剂、中草药制剂与新型抗菌药物的作用，减少各种因素导致的免疫抑制，提高猪只的免疫力，从而减少了猪只感染各种疾病的可能性。

第三节　猪疫病的生态学预防

一、猪疫病生态学预防的意义

在养猪生产中要始终坚持"养重于防、防重于治、预防为主、养防并举"的原则，改变"重治轻防、重治轻养"的旧观念。在猪病防治中要少用或不用抗生素，改变"养猪离不开抗生素，离开抗生素就养不好猪"的旧观念。

对于猪疾病的防控，使用微生态制剂进行生态学预防是当今最佳的方法，微生态制剂不是药品，而是一种可直接给动物饲喂的微生物添加剂，在提高动物的免疫力、预防某些疾病、提高动物的生产性能、改善饲养环境、提高经济效益与促进健康养殖业的持续发展中可发挥重要的作用。为此，在养猪生产中可阶段性或长期在饲料中添加动物微生态制剂，这样安全、无药残、无耐药性，有利于促进养猪业的健康发展与保障动物性食品的安全。在饲料中不加抗生素与激素类药物，才能真正发展健康养猪。

二、微生态制剂的特点

微生态制剂又称微生物饲料添加剂、益生菌，是指可以直接饲喂动物并通过调节动物肠道微生态平衡达到预防疾病、促进动物生长和提高饲料利用率的活性微生物或其培养物。目前市场上使用的微生态制剂有：乳酸菌制剂、芽胞杆菌制剂、真菌制剂与酵母菌制剂等微生态制剂。选用优良的菌种，是经液体深层发酵、离心、浓缩，低温冷冻干燥和微胶囊化包被，复配和包装等生产而制成的，产品具有质量优质（复合型）、稳定性好、储藏期长、抗干燥和耐热性与抗外界因子的能力、繁殖能力、产酶能力、产酸能力、产细菌素与抗菌肽的能力强，活菌数含量高，不受胃酸与胆汁的干扰等特点，是抗生素最佳的替代品。

三、微生态制剂的作用

（一）提高猪只的生产性能和饲料利用率

微生态制剂中的有益菌可产生多种消化酶、维生素、有机酸和促生长因子等多种生物活性物质，这对提高猪只的生产性能和饲料转化率非常重要。饲喂微生态制剂的猪群平均提高增重 12%~20%，提高饲料转化率为 10%，仔猪成活率可提高 5%~10%，死亡率大大降低。可促进母猪发情，延长发情期，提高受孕率与产仔成活率等。

（二）提高猪只的免疫力与抗病力

微生态制剂不仅可以有效防控猪病的发生，还可以与各种疫苗配合使用，使猪提前产生抗体，提高抗体水平，并使猪产生抗体快、抗体持续时间延长，才会有效的降低抗体注射时的免疫应激反应。

（三）提高猪肉产品的品质，生产绿色食品

微生态制剂无毒副作用，无药物残留，无耐药性，使用安全，可促进猪肉肉质的改善，减少脂肪沉积，是生产绿色食品的最佳添加剂。

（四）改善养猪场的生态环境

微生态制剂在肠道内定值，一方面抑制病原菌（特别是腐败菌）的繁殖，可减少有害毒物质的产生与排出；另一方面益生菌又与胃肠道内的原有的正常菌群产生协同作用，提高饲料转化利用率，减少蛋白的氨与胺的转化，减少氨气、氢气、吲哚、硫化氢、粪臭素等有害物质的产生与排放量，消除恶臭的气味，减少环境污染，净化空气质量。益生菌在代谢过程中产生大量的有机酸、抗生物质等，对蚊蝇等害虫的生长繁殖有很强的抑制作用，可减少蚊蝇的孳生。

四、使用微生态制剂的注意事项

（一）选用品牌产品用于养猪业生产

当前市场上动物微生态制剂产品多而乱，标准不统一，质量不稳定，作用效果差，不同的生产企业生产的微生态产品质量相差很大。有的养殖场反映，使用微生态制剂与不使用一个样，没有什么效果。有一些企业生产工艺简单，发酵技术、真空干燥技术和微胶囊技术不过关，活菌数极低，杂菌很高，打着各种旗号标榜产品质量，以低价格去占夺市场。广大养殖户一定要认真调查、分辨好坏。选择信誉好、创新能力强、科技含量高，售后服务好的品牌企业购买产品，以免影响养殖业的健康发展，造成重大的经济损失。

（二）微生态制剂与抗生素的使用问题

正确使用动物微生态制剂可提高动物机体的自身免疫力与抗病力，在养猪生产中可以减少抗生素的使用或者不用抗生素。如果发生重大动物疫病，加之生物安全措施不到位，免疫预防程序不合理、不科学等，有针对性的使用某些优质抗生素也是必要的。但是，使用抗生素时要避免与动物微生态制剂同时使用，一般要间隔 3~5d 为好。与消毒药物（如饮水消毒等）和驱虫药物也不要同时使用，以免影响微生态制剂的使用效果。

（三）微生态制剂在养猪生产中可与疫苗配合使用

有利于增强疫苗免疫产生抗体快，抗体水平高，提高疫苗的免疫效果，两者相互之间不会产生干扰现象。

（四）根据猪只生长的不同阶段与微生态制剂专用功能选用不同的产品

企业生产的动物微生态制剂功能不完全一样，有专用型，如猪用的微生态制剂就有乳猪专用型、保育仔猪专用型、育肥猪专用型、后备母猪专用型、母猪专用型等，一定要根

据猪只各个不同的年龄段与其需要，有针对性的选择不同的微生态制剂产品，更能有效的发挥其功能，保障猪只的健康生长，达到预期效果。

第四节　常见猪病生态防控

对于常见猪病，过去养殖场或养殖户大都依靠抗生素来防治，但由于抗生素的长期滥用或超剂量使用，产生毒副作用和耐药性，导致使用抗生素防治猪病效果很差或基本无效，疾病的严重威胁使得养猪场或养殖户亟需使用微生态制剂来防治。微生态制剂起到无病保健、未病防病、已病治疗的作用。大量研究证明，微生态制剂在防治常见猪病上有很好的效果，而且无毒副作用，因此，养殖户应该转变思想，树立猪病的生态防控意识。下面介绍各类常见猪病的生态防控方法。

一、猪瘟

猪瘟俗称烂肠瘟、美国称猪霍乱、英国称为猪热病，是猪的一种急性、热性、败血性传染病。病原为猪瘟病毒，目前认为猪瘟病毒只有一个血清型，但病毒株的毒力有强、中、弱之分。

（一）诊断要点

本病在自然条件下只感染猪。不分品种、年龄、性别、季节。一般经消化道传染，也可经呼吸道、眼结膜感染，或通过损伤的皮肤感染。

临床特征为：急性型呈败血性变化，实质器官出血、坏死。亚急性型和慢性型除见不同程度的败血性变化外，还有纤维素性、坏死性肠炎。繁殖障碍型（母猪带毒综合症）：早中期感染，母猪流产、死产、木乃伊胎等；孕后期感染，外表正常，仔猪也终身带毒，免疫耐受（不产生免疫应答）。发病率和死亡率很高，是猪的一种重要传染病，常继发感染副伤寒及布氏杆菌。

在病理上表现为：膀胱黏膜、喉头会厌软骨黏膜出血，肾颜色淡，有出血点，脾出血，边缘梗死。淋巴结肿大、出血，大理石状。坏死性肠炎，盲结肠扣状肿或溃疡。左心耳点状出血。死产胎儿皮下水肿，腹水，皮下、四肢等出血。

（二）生态防治措施

在该病的常发地区或受威胁地区，要对种母猪于配种前或配种后免疫一次；仔猪于 20～25 日龄首免，50～60 日龄二免。在非疫区，应对种母猪于配种前或配种后免疫 1 次；种公猪于春秋两季各免疫 1 次；仔猪断奶后免疫 1 次。

为预防猪由于抵抗力下降导致感染此病，就必须使用微生态制剂进行保健，可以使用活菌微生态添加剂进行拌料，也可使用活菌发酵液加入饮水，按说明量全程使用；未断奶仔猪使用仔猪专用益生菌；疾病流行期间使用治疗型的微生态制剂，按说明量拌料长期添加。

二、猪气喘病

猪气喘病又称猪霉形体肺炎，是由肺炎霉形体（支原体）引起的一种慢性呼吸道传染病，各种年龄、性别、品种的猪都可发生。

（一）诊断要点

病猪表现为咳嗽、气喘，死亡率不高，主要影响猪的生长速度。病猪初、中期能吃能喝，就是生长发育不良，生长率减少12%，饲料利用率降低20%。咳嗽和喘气为本病主要临床症状。

病理表现主要在肺、肺门淋巴结和纵隔淋巴结，其他脏器无明显变化。病变肺部多呈现淡灰红色或灰红色，半透明状。病变部界限明显，像鲜嫩的肌肉样，俗称"肉变"。病变部切面湿润而致密，常从小支气管流出微浊灰白色带泡沫的浆性粘性液体，随病程延长或加重，病变部颜色变深，坚韧度增加，俗称"胰样变"。

（二）生态防治措施

无本病的地区或猪场，贯彻自繁自养原则。如若必须从外地引进种猪时，应严格检疫，进行X线检查或血清学检验，隔离检查三个月，确诊无气喘病，方可进场。并且要对猪群定期疫病监测，淘汰阳性猪。已发生本病或无监测检疫条件的猪场，可先隔离治疗或淘汰有明显床症状的猪，对健康猪使用猪喘气病弱毒苗或灭活疫菌进行免疫。

可以使用活菌微生态添加剂进行拌料，也可使用活菌发酵液加入饮水，按说明量全程使用；未断奶仔猪使用仔猪专用益生菌；疾病流行期间使用治疗型的微生态制剂，按说明量拌料长期添加，可以有效分解舍内氨气、二氧化碳、硫化氢等有毒有害气体，降低猪气喘病的发生几率。

三、猪繁殖与呼吸综合症

猪繁殖与呼吸综合症，又称猪蓝耳病，是由猪蓝耳病毒引起的一种以流产、死胎、胎儿木乃伊化和呼吸困难为特征的猪的传染病。

（一）诊断要点

呈地方流行性，猪不分性别、年龄都可感染。但怀孕母猪和仔猪最易感染。接触传染和空气传递是主要传播途径。患病种公猪的精液含有病毒可通过配种而传染。死产胎儿、胎衣及子宫排泄物含有病毒，污染环境成为传染源。

临床表现为发热，厌食和流产、死胎、木乃伊，弱仔以及仔猪有呼吸症状，死亡率高。特别产后2~3d即发生腹泻，易死，难治。仔猪死亡率可达30%~50%，一些窝仔猪死亡率可达80%~100%。

（二）生态防治措施

科学研究表明，用微生态添加剂预混料饲喂育肥猪，可很大程度降低猪蓝耳病的发病率，发病后采用微生态制剂与复合维生素和多糖类药物进行治疗，病猪的康复率显著提高，这表明，微生态制剂不仅能很好预防猪蓝耳病，还对发病猪具有一定的治疗作用。此外，微生态制剂还能净化猪只体内外环境，提高猪只免疫机能，降低或清除场内污染源，对因猪蓝耳病毒和其他多种病原混合感染引起的"猪无名高热"有很好的防控作用。

四、仔猪大肠杆菌病

由致病性大肠杆菌引起，包括仔猪黄痢、仔猪白痢、仔猪水肿病。

（一）诊断要点

仔猪黄痢以 1~3 日龄仔猪多见。同一窝仔猪发病率很高，为 50%~90%，病死率高。临床上最急性的，于生后 10h 左右突然死亡。生后 2~3d 以上仔猪发病，排黄色稀粪，肛门松弛，不吃奶，消瘦，脱水，眼球下陷，肛门呈红色。

仔猪白痢以 10~30 日龄仔猪多见。同一窝仔猪中发病常有先后，若有一头发病不及时采取措施，就会很快传播。临床表现为突然发生拉稀，粪便呈灰白色或淡黄绿色，常混有黏液而呈糊状，有特殊的腥臭味。体温无明显改变。

仔猪水肿病多见于断奶前后的仔猪。临床症状为突然发病，发病前 1~3d 常有拉稀、后便秘。眼睑、头部、耳部发生水肿。精神沉郁，体温稍高或正常，眼结膜充血，行走不稳，轻则两前肢不能站立而爬行或跳着行，重则盲目行走，逐渐发展卧地不起，肌肉痉挛，四肢作游泳状划动，继而死亡。病程最短发病几小时内到 1~2d 死亡，长者可达两周左右。剖检可见胃壁、大肠和肠系膜水肿，头颈部及其他部位也可见水肿，切开水肿部位呈胶冻样。

（二）生态防治措施

仔猪黄痢的免疫方法：对怀孕母猪于产前 40d 肌肉注射仔猪黄痢油剂苗；仔猪白痢的免疫方法：让怀孕母猪于产前 40d，口服遗传工程活菌苗，产前 15d 进行加强免疫；仔猪水肿病的免疫方法：对妊娠母猪注射可采用本猪场病猪分离的致病菌株制备的灭活苗。

预防：可以使用活菌微生态添加剂进行拌料，也可使用活菌发酵液加入饮水，按说明量全程使用。未断奶仔猪使用仔猪专用益生菌。疾病流行期间使用治疗型的微生态制剂，按说明量拌料长期添加。

治疗：仔猪黄白痢、水肿病使用活菌微生态制剂"肠速康"，前 3d 分别按 2%、1%、0.5%进行拌料添加，3d 后按 0.5%进行添加，连用 3~5d。

五、猪流行性感冒

本病是由猪流行性感冒病毒引起的一种急性、高度接触性传染病。发病猪不分品种、性别和年龄，多发生于春季，往往突然发病，迅速传播整个猪群。

（一）诊断要点

各种猪都能得病。本病流行有明显的季节性，在天气多变的秋末，早春和寒冷的冬季易发生。几天寒冷的天气之后，在猪群中突然发生，迅速传播，呈地区性流行，发病率高，死亡率低。

临床症状：病猪体温突然上升高到 40.5~42.0℃，少食或食欲废绝。鼻和眼有粘性液体流出，鼻盘干燥，呼吸急促，有阵发性咳嗽。如果没有继发症，大约在一周内康复。

剖检病变：在呼吸器官的鼻、喉、气管和支气管粘膜充血，肿胀，表面有大量粘液。肺脏的病变不一，轻症在肺边缘部表现鲜红或暗红，重症则有弥漫性肺炎，病变部紫红色，与正常组织界限分明。

（二）生态防治措施

本病目前尚无有效的疫苗。预防本病，应加强猪舍的消毒工作，保持猪舍清洁干燥；同时，使用活菌微生态制剂来提高猪的抵抗力，可将其添加在母猪饲料中，全程使用，使母猪通过哺乳对仔猪进行预防与治疗。

此外，其他常见的猪传染病如口蹄疫、伪狂犬病、猪肺疫、猪链球菌病、传染性胸膜肺炎、仔猪副伤寒等，参照以上防控方法，均有较好疗效。

六、腹泻与便秘

（一）诊断要点

引起猪腹泻的原因除了与病原微生物或寄生虫感染外，还和饲料过敏、发霉、变质、断奶、饲料突然更换、寒冷、环境应激等非传染性因素有关。便秘是肠内容物停积在肠管某一段，逐渐浓缩、干硬使肠道阻塞不通的疾病，主要原因有长期喂单一粗纤维饲料，饮水不足，饲料中混有泥沙，高热，失水以及某些传染病而致肠蠕动降低。

腹泻临床症状表现为不吃食，爱喝冷水，时有肚痛，呕吐，体温升高，眼结膜发红，肠音增加，1~2d 后拉稀。便秘临床症状表现为不食，喝水增加，腹痛不安，常做排粪动作，可见肛门直肠有粪而不能排出。

（二）生态防治措施

微生态制剂主要通过以下 3 种途径防治腹泻与便秘：第一，调节动物肠道菌群，保持肠道菌群的平衡，健康菌群对大肠杆菌等有害菌起到很好的抵抗作用，减少肠道炎症的发生；第二，合成各种酶和营养物质，提高饲料转化率，分泌多种消化酶，促进饲料消化吸收，对于预防及治疗因饲料原因等非传染性因素引起的腹泻具有较好的效果；第三，增强猪只的机体免疫机能和抗病力，降低断奶应激。

哺乳仔猪在 0~7 日龄接种微生态制剂如益生素，哺乳断奶全程使用加酶益生素可有效提高哺乳仔猪的日增重，各种腹泻都能有效控制，降低断奶仔猪腹泻率。

七、感冒、肺炎、中暑、应激等常见普通疾病

（一）诊断要点

感冒又称上呼吸道感染，是猪常见的一种季节性疾病。气候突变，猪只受凉而引起，尤其在晚秋和早春，或秋冬和冬春之交多发。体温升高到 40℃ 以上，寒颤，呛咳，流鼻涕，鼻盘干燥无汗。

肺炎是肺实质发生炎症，肺泡内有渗出物而引起呼吸机能障碍的一种疾病，根据病变的范围不同可分大叶性肺炎和小叶性肺炎。病因为猪只抗病力减弱时，或继发于支气管炎，肺丝虫病，蛔虫病以及某些传染病或其他异物误入气管，刺激性污气的吸入等。体温升高到40℃以上，呼吸促迫，呈腹式呼吸，结膜暗红，咳嗽，有浓性鼻液。

中暑是在炎热的气候下，由于猪舍温度高，通风条件差，猪群密度大引起的，症状为突然发病，呼吸迫促，体温高达41℃以上，眼结膜充血，张口呼吸，口流泡沫，喜饮水，步行不稳，重则呈癫痫样发作。

（二）生态防治措施

加强饲养管理，做好在养殖的各个阶段使用微生态制剂直至出栏上市，不但可以有效改善育肥猪的生长速度，提前出栏上市天数，降低肉料比，提高胴体品质，减少应激，还能提高猪只的免疫力与抗病力，有效预防各类呼吸道与应激性疾病，减少感冒、胃肠炎、中暑、应激性疾病的发生。

八、子宫内膜炎、阴道炎、乳房炎等母猪繁殖综合症

（一）诊断要点

子宫内膜炎是因子宫内膜发生炎症而引起的疾病，致使母猪发情不正常，或虽发情但久配不孕。病因是由于母猪在产仔过程中，因难产，助产消毒不严，损伤产道和子宫黏膜，引起链球菌，葡萄球菌，双球菌等感染而发病。病猪表现为产后不吃食，体温升高，阴道内流出黄白色或褐色浓臭分泌物，严重时可引起败血症或脓毒症。慢性子宫内膜炎，病猪发情不正常，屡配不孕。

阴道炎是由于阴道粘膜损伤和感染所引起的疾病。由于产后过度疲劳，配种、难产、助产不当导致阴道内黏膜受损，致使链球菌，葡萄球菌，大肠杆菌等细菌感染而引起。症状表现为母猪常作排尿姿势，有时阴门流出白色黏液或脓样液。严重时，能引起全身症状。

乳房炎是哺乳母猪在哺乳期间，由于病原微生物感染而引起一个或多个乳房发生炎症，而使乳汁分泌减少及成分改变的现象，常见于产后5~30d。以母猪一两个乳区或全乳区肿胀疼痛，拒绝仔猪吮乳为特征。病猪乳房红肿热痛，不让仔猪吃乳，体温升高，精神不振，食欲减退或废绝，泌乳减少，病初乳汁呈稀薄水样，后变为脓汁样，含絮状物。

（二）生态防治措施

生产母猪在妊娠期使用微生态制剂，可降低各种应激，提高母猪的免疫力与抗病力，防止母猪繁殖综合症的发生。如妊娠初期使用，有利于改善母猪营养与体质，提高受孕率，并使胚胎安全着床，健康发育。妊娠中期使用有利于母子健康，胎儿发育正常，降低死胎率。妊娠后期使用，不仅有利于母猪安全产仔，乳水充足，仔猪健康，而且能有效的防止母猪发生"三炎症"，即子宫内膜炎、阴道炎、乳房炎，以及母猪便秘与厌食症等。

九、猪蛔虫病

本病是由猪蛔虫寄生于小肠中而引起的一种寄生虫病，主要危害 2~6 月龄的猪，阻碍生长发育，严重的可引起死亡。

（一）诊断要点

虫体特征：猪蛔虫是一种大型的线虫，体长而圆，像蚯蚓一样，两端尖细。雄虫长约 12~25cm，雌虫长约 30~35cm，宽 3cm 左右。

临床症状：幼虫在肺内停留期间能引起肺炎，体温升高，咳嗽，食欲减退；成虫寄生在消化道，则引起肠炎，消化不良，消瘦；成虫钻入到胆管，能引起急性死亡。

（二）生态防治措施

保持猪舍清洁卫生，定期驱虫，春秋两季各驱虫一次。使用左旋咪唑注射液以每 5kg 体重，1mL 一次性注射。或使用左旋咪唑片剂以每 5kg 体重喂 2 片，一次性研碎拌料中喂完。

十、猪囊虫病

猪囊虫病是由猪带绦虫的幼虫猪囊虫（即猪囊尾蚴）寄生于猪体而引起的一种寄生虫病。

（一）诊断要点

虫体特征：猪带绦虫呈乳白色，长面条形，长 2~4m，约由 900 个节片组成，头节上有 4 个吸盘和 1 个顶突，每个妊娠节片中含虫卵 3~4 万个。猪的有钩绦虫的幼虫寄生于猪体肌肉内，虫体呈半透明的囊泡状，由米粒大至黄豆大，囊泡内充满液体，在囊壁上可看到小白点。

临床症状：根据囊虫寄生部位不同，表现症状也不一样，囊虫寄生在肌肉，可见局部肿胀；寄生在脑部，可出现癫痫、痉挛；寄生于四肢，可出现跛行；寄生于喉头附近肌肉，叫声嘶哑；寄生于咬肌，可见咀嚼困难。病猪严重会发生下痢、水肿、贫血等症状。

（二）生态防治措施

猪舍建筑要和厕所分开，使用驱虫药做好绦虫病防治，消灭绦虫卵。

益生菌拌料可通过维持胃肠道正常功能、提高消化道的吸收功能、抑制毒素的产生、提高猪只免疫力等方面增强猪对寄生虫的抗病力。

第八章
猪场废弃物的污染控制与资源化利用

生态养猪的特点之一就是按照生态学原理，将养猪生产过程中所产生造成环境污染的废弃物通过生态循环得到资源化利用及产生可再生能源，变废为利以解决养猪场的污染问题。维护养猪生产的生态平衡，使环境得到保护，保证养猪业的可持续发展。因此，解决猪场污染物的处理利用技术是生态养猪的重要技术之一。

第一节　污染环境的猪场废弃物

猪场废弃物主要是指在养猪生产的过程中产生的，不能为猪再利用的一些有机废弃物。这些废弃物大部分为无毒性的有机物。

养猪所产生的排污物主要有以下几种：①猪粪尿、垫草及其冲洗污水；②猪场污气及尘埃；③猪的尸体、胎盘、浪费的饲料；④其他废弃物。

一、猪粪尿的成分

（一）猪粪尿的排泄量

猪粪尿的排泄量与收集方法及所喂的饲料有很大关系。饲料中纤维含量高则排粪量就会大。夏季饮水量大则排尿量也会增加。此外用水冲洗清理猪栏，则粪尿的质和量随冲水量而变化，因此按各地收集粪尿量计算，是会有很大差别的。

（二）猪粪尿的化学成分

鲜猪粪尿的化学成分对粪尿的利用有一定的意义。

（1）猪粪中残余一定量的能、氮等可利用物质。

（2）猪粪的排量变动性比较大。

（3）猪粪中所含物质随饲料的成分及猪的饲养期不同而变化。

（4）猪粪中的蛋白质成分主要来自于饲料等外源性、自身代谢产物及肠道内微生物等。猪粪中蛋白质含量较鸡粪低，但较其他家畜粪中蛋白质含量略高。

（5）猪粪中的营养物质可再利用。

（三）猪粪所含的能量

猪粪的能量主要来自于饲料的代谢及肠道内的微生物，其饲用价值比较难衡量。比较有价值的是沼气能，猪的粪便通过厌氧微生物的发酵产生大量沼气，沼气以甲烷为主，占体积的 60%~75%，二氧化碳占 25%~40%，还有少量的氢气、氧气、一氧化碳和硫化氢。沼气发热量比较大，$1m^3$ 沼气的热值为 18 017~25 140MJ，相当于 0.74kg 标准煤。1kg 干粪理论产沼气 $0.5146m^3$，其中甲烷约为 $0.2745m^3$，而实际产气量约为理论产沼气的 70%。每千克鲜猪粪产沼气约为 $0.038m^3$。在生态养猪中，利用猪粪的沼气能是一个非常重要的环节。

二、猪粪尿的污染

由于在发展规模化养猪过程中，有些猪场忽略了养猪规模和密度、农牧结合及对猪粪尿的无害化处理和臭气的散发的处理技术，因此当养猪所形成的污染源积累到一定数量后仍未加以处理，就会造成对环境和生态的严重的危害和影响。

（一）粪便有机物分解过程形成的有害分解产物的污染

猪粪、尿主要是在猪对饲料消化及代谢过程中有机物转化后的残留物质，这些有机物经过好氧和厌氧条件的细菌分解活动，产生氨、硫化氢、有机酸、胺、甲基吲哚、硫醇、酪酸等，还有一些未分解完的腐败物质，形成了恶臭物。这些物质有的有毒，有的散发恶臭，流入水中就污染水质，渗入地下则污染地下水，臭气散发到空中就污染空气。

（二）富营养化污染

由于粪尿含大量有机物及氮和磷等，聚积量过大的土壤或水中含大量的有机氮、碳、磷等，即土壤及水体的富营养化。当它们的浓度过大时，植物就无法生长繁殖。当大量流入湖泊河流等水体中时，初期藻类会大量生长并争夺水中的氧和遮光，使水中生物无法生长。当这些物质积累到一定程度，藻类不能生长，水质变黑，并且散发出粪便中腐败的像硫化氢及粪臭素形成的臭气。对土壤的污染主要是长期超量施入土壤，超过了土壤自净的能力，就会造成土壤的结构破坏而污染危害；此外一些细菌和寄生虫也会污染土壤。

（三）生物病原的污染

猪体内有大量微生物，其中有无害的各类细菌、病毒和寄生虫（卵），但也有有害的。细菌主要有猪丹毒杆菌、仔猪副伤寒沙门氏菌、链球菌、致病性大肠杆菌、布氏杆菌、结核杆菌、炭疽杆菌等。病毒有猪瘟、口蹄疫、猪传染性胃肠炎、水疱病、流感等疫病的病毒，寄生虫（卵）主要通过水体或粪便污染的食物感染人类。猪的寄生虫（卵）有猪蛔虫（卵），人猪共患的有日本分体吸虫、布氏姜片吸虫、肺吸虫等。

（四）对生态平衡的破坏

由于猪粪对土壤及水体可能造成污染和破坏，因此当一个地区猪数量集中或增加，就会对当地的生态造成破坏，如植被的破坏，水生物被藻类的侵害，鼠、蝇的增加，空气变臭而影响人的生存等，使当地的生态状况恶化、生态平衡破坏，最后反而使养猪本身受到严重影响，使猪的疾病增加、生产率下降。我国有些规模大的猪场，因为污染、疾病等因素，不得不停产或搬迁就是很好的例子。

三、猪场生产中产生的其他污染物

（一）非疫病死亡的猪尸体及胎盘等

规模较大的猪场中，非疫病死亡的猪只会有一定数量，主要是由于一些内科或外科疾病或过敏等致死，这些猪的尸体除病灶外，其余部分是可以利用的。此外还有猪的胎盘，或是非传染病的死胎也是可以利用的。但是在利用时一定要注意，尸体必须是要经兽医检查确证为非传染病致死以后，应即时处置，防止腐败。这些未腐败的尸体及胎盘等是鸡、貂、食肉鱼类很好的饲料，但必须煮熟后才能利用，绝不能作为猪饲料。

（二）浪费的饲料

主要是喂饲料后剩余的及猪采食浪费的饲料，这部分饲料可以作为鱼饵，也可作为养蚯蚓的饲料等。猪场中有时有一些变质的饲料，这种废物只能作为肥料，绝对禁止作为他用。

（三）猪场的污水

猪场污水主要是清洗猪栏及周围环境所产生的污水。污水中主要含猪粪尿、饲料以及猪舍消毒时的残余消毒液等。

（四）猪场的污浊空气

猪场内的污浊空气主要是猪排出的粪尿臭气、主体内排出的二氧化碳、甲烷、氨、一氧化碳、硫化氢等，还有一些猪场内未清理干净的饲料、粪尿等残留物腐败的臭气等，对猪场周围的影响很大。

第二节　猪场污染控制的主要途径

猪场所造成污染的最佳处理方法是采用生态学的资源化处理方法。猪场污水通过沼气的厌氧发酵，使猪场产生的污染物变废为肥料、其他动物的饲料，循环的产生沼气作为发电及农村的生活能源，使物质得到充分的利用，在此基础上再通过适当措施使污染得到控制。

一、以养猪业为主，提倡农牧结合、多种经营

废弃单一养猪的经营模式，大力提倡农牧结合、多种经营，要与一些发达国家一样，制定有关农田载畜量的有关法规，保证猪粪尿的完全利用。

二、严格杜绝猪场污水不经处理而随意排放

猪场污染的控制，特别是规模猪场更是极为重要而又困难的工作。由于猪场内的猪群几乎每时每刻都在产生污染物，因此对猪场周围环境带来的影响是比较大的。为了保护好猪场周围的环境，必须加强猪场的管理，及时处理好猪场产生的污染物，不能随意排放，尽量减少对环境的影响。猪场污染的控制在全世界的养猪业界都是十分重视的。

三、大力提倡和推广沼气发酵技术

提倡和推广沼气发酵技术，充分利用沼气作为发电、生活能源。实践证明，通过沼气的厌氧发酵后，污水中的 COD_{Cr} 含量可消化 85% 左右，然后再通过氧化池通气曝氧或生物氧化池氧化后猪场所排污水的 COD_{Cr} 基本上就可降到 350mg/L 以下，达到农用水灌溉排放标准。同时在厌氧条件下，经过一定时间一些好氧的有害菌及寄生虫及其虫卵大部分能被杀灭。但是要注意在污水中的磷和氮的含量在厌氧发酵的过程中降低极少，曝氧过程中略有下降但达不到排放标准。如果有足够的农、林土地或鱼塘，则是极好的有机液体肥料，应加以充分的利用。

四、因地制宜探索多种养猪方法

由于我国各地自然条件的差异，各地可以有条件的探索"干收集粪""水泡粪"厚垫床养猪（即发酵床养猪或东北地区采用的干式厚垫草养猪）等饲养方法，以减少褥草的量，或采用一定时间的放牧养猪的方式。大规模猪场过去都是用"水冲猪粪"的管理方法，污水置排放很大，因此处理量也比较大，往往采取先将排出的污水用隔栅进行固、液分离，然后固、液分别进行厌氧处理，经过发酵产生沼气。现在提倡在猪舍内干清粪，先将猪粪尿清出，然后用少量水冲干净，这样可大量减少处理量，但需要增加部分基本建设支出。

五、加强猪场的绿化工作

猪场周围提倡多种树、多造林，要使有的农田或草场以消耗，猪场产生的污染物及吸收及阻挡一部分污气的外流。

第三节　猪场废弃物的资源化处理及利用

我国规模化猪场发展越来越快，猪场规模的不断扩大造成粪污排放的过度集中，其排泄量大大超出了环境的承受能力，因此无公害化粪污处理是实现我国畜牧业可持续发展的必要条件。

一、粪污处理与利用

（一）干清粪处理

原来大多数养殖场为了方便采用的几乎都是水泡粪、水冲粪方式，这样的粪污处理模式不仅效果不是很明显，而且工作量很大，占地面积也广。现在我们将原来的工艺改进为干清粪方式，即在建场时采用小间隔的漏缝地板，这样尿液会漏到地面随污水沟排出进行单独处理，板上的粪便要及时清除以免被动物践踏踩实或夹在漏缝中难以清扫。将每日产生的所有粪便集中堆积在已建立的防渗、防雨堆粪场，并进行简单的发酵处理后，出售给周边相关的种植业者还田。尿液可以根据饲养场污水贮存时间和养殖数量来确定污水贮存池的容积。然后采用活性污泥法、生物膜法、厌氧生物处理法、生物塘等方式来过滤降解污水。采用这种粪尿分离的处理模式，不仅工作量减小、适用范围广而且对于控制环境污染效果也较显著。不足之处就是采用双列外清粪式模式的地面利用率不如内清粪式高，也比内清粪式增加了一排铁栏杆，增加了工程造价。舍外还需设置运粪通道，增加一些占地面积。

（二）粪污沼气处理

沼气是一种非常廉价且又极其环保的清洁能源。在未来的能源生产中，沼气将扮演越来越重要的角色。在生产沼气的同时，利用和处理了大量养殖粪便和生活垃圾。沼气可用于养殖场的职工生活用能、仔猪保温、发电等，其产生的热量还可以用于周边大棚蔬菜的保温，沼渣作为肥料出售给周边农林种植业者，实现了"粪污—沼气—蔬菜—农林"的结合。目前，国内应用最为广泛、最为成熟的沼气工艺为湿法发酵工艺，一般发酵浓度在 $6\% \sim 8\%$，采用中温发酵，温度控制在 $35 \sim 38℃$。但是人为制造适合沼气湿法发酵的原料，会产生大量沼液，若没有足够的土地消纳，极易造成二次污染。因此，近年来，我国沼气技术研究的热点在于干式厌氧发酵技术。这种工艺就是将发酵原料鲜粪便采用装载机集中收集，经预处理快速预热，混合器预热、搅拌、接种后，由螺杆泵将料液泵入干式厌氧发酵反应器。本技术可以适用于各种来源的固体有机废弃物原料，运行费用低、容积产气率高、发酵过程无需添加新鲜水，沼液产量小或无沼液产生，运行过程稳定，无湿法工艺中的浮渣、沉淀等问题。

（三）粪尿循环利用

猪粪便中含有大量的氮、磷、钾养分和一些微量元素，同时还含有大量的有机物质，因此可根据其各个不同特征，制定相应的资源化利用方案，将这部分未转化的物质和能量再度利用起来。不仅可以解决环境污染，同时还能带来更多的经济效益。目前应用比较多的是粪渣作为食用菌栽培原料再利用，这一技术在福建省推广较多，据统计，2005 年福建全省食用菌产值达 62.4 亿元。现有的食用菌栽培原料资源严重缺乏，粪污经过固液分离机去除悬浮物后其重金属含量显著降低，为食用菌栽培利用提供安全保障。因此，探讨粪渣作为食用菌的栽培原料既可解决食用菌产业原料资源不足问题，又可为污处理寻找新的再利用途径。另外，菌渣和未利用完的猪粪渣可作为堆肥原料再利用。这种模式最大的局限性就是适用性不强，技术不太成熟，推广的范围窄。在我国一般采用此种模式的多为反刍动物养殖场；推广和提高规模化猪场采用食用菌栽培技术将具有很好的发展前景。

（四）粪尿自然堆肥处理

家畜粪尿的堆肥化处理，是在好氧条件下利用微生物快速地把排泄物中易分解和较易分解的部分分解转化，起到杀灭病原体、除臭、降低水分含量、减少体积和重量并提高速效养分含量的作用。这是一种典型的将有机粪污变成无机肥料的模式，经过高温堆肥后的原料再使用不会对环境造成二次污染，目前对于此种模式比较推崇。制作优质堆肥的关键就是创造一个适合微生物活动的环境，根据已有的大量文献记载，堆肥中空气氧的体积分数应保持在 $5\% \sim 10\%$，低于 5% 会导致厌氧发酵。因此，需要通过翻堆或通风供氧措施来保证堆体好氧状态；而堆肥原料中有机物的含量是产热的必要条件，有机物含量过高将给通风供氧带来影响，从而产生臭气和厌氧，有机物含量过低则会产热不足，难以维持堆肥所需要的温度，并且生产的堆肥产品由于肥效较低而影响其使用。所以，堆肥中最适合的有机物质含量应在 20%～80% 之间；碳氮比是影响堆肥效果的又一重要因素。研究表明，堆肥原料的理想碳氮比为 25～30∶1，如果比例不对，可以添加秸秆调节；在堆肥过程中，微生物分解有机物和微生物生长繁殖都需要一定的水分，含水率超过 70%，温度难以上升，分解速度明显降低，而低于 40%，又不能满足微生物生长需要，有机物难以分解，研究认为，50%～60% 的含水量最有利于微生物分解；pH 值对微生物生长也有重要影响，一般以 pH 值在 7.5～8.5，可获得最佳的堆肥效率；温度是堆肥能否得以顺利进行的关键，随着堆体温度的升高，微生物活动增强，分解消化速度加快，同时也可以杀灭虫卵、致病菌等，使得堆肥产品可以安全地用于农田，堆体发酵最佳温度为 55～60℃。此种工艺用途广，适用性也强，可推广性高，产生的无机肥出售给相关的种植业者还田，不仅减少环境污染、增加土壤肥力，还能变废为宝获得一定的经济利益，实现资源化与无害化的完美结合。但是也要求养殖场要有足够的空地用来建造与养殖规模相匹配的堆粪场。一般来说，存栏 1000 头猪的养猪场，6 个月产粪约 360t，需堆粪场容积约 450m^3；如果堆粪时间为 9 个月，则需堆粪场容积约 675m^3。

（五）粪尿的微生物发酵处理

微生物发酵床生态养殖技术是一种污染物"零排放"的环保型养殖模式，按一定比例将微生物与锯末、米糠等辅助材料混合发酵形成有机垫料，再将猪只放入饲养，猪群的排泄物可被垫料中的微生物迅速降解、消化，从而减少了粪污排放，这是当前提出的养殖粪污无害化排放的典型模式。在发酵床制作过程中常用的菌种包括光合细菌、酵母菌、乳酸菌、芽孢杆菌、放线菌等。发酵床垫料的来源可根据不同地区的资源情况灵活选择，如华南地区的蔗渣、长江中下游棉花产区的棉秆、北方玉米产区的玉米秸、水稻产区的稻秸和稻壳等，都可以用来加工成垫料。目前认为锯末是最佳的发酵床垫料，稻壳次之，麦麸、米糠、玉米芯等作为营养性垫料。采用发酵床养殖方式降低了畜舍内 NH_3 和 H_2S 等有害气体的浓度，为畜禽的生长发育提供适宜的环境，同时提高动物生产性能，改善动物福利，增强动物免疫功能。另外，粪污无需清扫运输，可以从源头上解决污染问题，效果比较显著。

二、废弃物的处理与利用

严格来说，养猪产业除了疫病发生后造成猪死亡的尸体、养猪产业的排泄的臭气、呼出过多的二氧化碳及一些有害气体外，主要的废弃物都是可以利用的，猪的非疫病鲜尸体及胎盘等是一种很好的、非养猪的动物性蛋白质饲料源。沼气是我国农村很好的能源，沼渣和沼液是好肥料和饲料。因此没有可废弃的物品，关键问题是养猪者们必须要有可持续发展的观念、环保观念、生态观念。在利用猪场的这些废弃物时，实际上对养猪的经济效益是不会有太大的影响的，特别是沼气的生产及肥料的利用只会增加财富和养猪收益，绝不会有经济损失。

三、其他有机物的利用

在厌氧发酵复杂过程中，使粪尿中一些物质经过厌氧菌的作用，产生了一些有机物，如氨基酸、生长素、赤霉素、纤维素酶、腐殖酸、维生素B、某些元素、不饱和脂肪酸等。但有些物质究竟是什么组成目前并不清楚，因此只能统称其中某些物质为"生物活性物质"。这些物质对动植物生长和发育有很多促进作用，因此可以再利用。目前应用较多的是作物种子浸种、叶面喷洒施肥、蔬菜水培营养液的基肥。

四、利用猪场绿化建设减轻空气污染

（一）绿色植物对防治猪场空气污染的作用

绿色植物对防治猪场空气污染的作用是很大的，例如，可吸收二氧化碳和一些有害有毒气体，还可吸附带尘埃及减少空气中的细菌。

（二）绿色植物对排出空气中微生物的作用

猪场空气中微生物数量是很大的，有些是对人、猪有致病性的，由于植物有吸滞尘埃及有些植物能分泌灭活或抑制一些有害微生物的挥发性物质。具有灭抑菌能力的植物有：紫薇、枸木、柠檬桉、黑胡桃、枳壳、梅、柳杉、白皮松、柏木、茉莉、臭椿、楝树、紫杉、马尾松、杉木、侧柏、樟树、山胡椒、山鸡椒、枫香、黄连等。

（三）吸收二氧化碳

猪每天呼出的二氧化碳的量是比较大的，根据测定每小时呼出的二氧化碳，每头成年公猪为44~77L/h，仔猪及后备猪为17~41L/h，空怀及妊娠前期母猪为36~48L/h，妊娠4个月及哺乳母猪为87~114L/h，肉猪为47~83L/h。

阔叶林每公顷一天可消耗1t二氧化碳，并放出0.73t氧气。每平方米草坪可吸收1g二氧化碳。

（四）吸收有害有毒气体

绿色植物能吸收二氧化硫、氯气、氨气及汞、铅生成的气体。

1. 二氧化硫的吸收

吸收二氧化硫的植物种类很多，落叶树吸收硫的能力最强，常绿树次之，针叶树吸收硫的能力较差。每100hm²的紫花苜蓿一年可使空气中的二氧化硫减少600t以上。

高温高湿有利于植物对二氧化硫的吸收。夏季吸收能力最强，冬季最差。植物的部位及年龄对吸收能力也有影响。

2. 氯气的吸收

银桦、蓝桉、刺槐、女贞、滇朴、柽柳、君迁子、构树、樟叶槭、桑树、红背桂、番石榴、小叶驳骨丹、夹竹桃等都具有较强的吸收氯气的能力。

有资料报道，每年每公顷蓝桉可吸收氯的量为32.5kg，每公顷刺槐吸氯量为42kg，每公顷银桦吸氯量为35kg。

3. 氨气及汞、铅生成的气体和其他重金属气体的吸收

绿色植物都有吸收空气中氨气的能力，因此在猪场周围要种植足够面积的绿色植物，以吸收猪场中产生的氨气。

对于汞生成的气体，以夹竹桃、棕榈、桑树、樱花、大叶黄杨吸收能力很强，其次是水仙花、美人蕉，其他如紫荆、广玉兰、月桂、珊瑚树、蜡梅也有吸收汞气的能力。

榆树、构树、石榴、女贞、大叶黄杨、向日葵等有吸收铅气的能力。

三仙果、木姜子、红楠、五瓜楠能吸收一定量的重金属，如铅、铜、锌、镉、铁等生成的重金属气体。

猪场臭气随猪场管理水平的不同而不同，管理水平高的则猪的卫生状况良好，臭味会少一些；管理水平差的则臭气就大。对于有褥草的猪栏，如果褥草清除比较及时，则猪场臭味也可相对少一些，因褥草能吸收一部分臭气。

臭气对猪的生长、发育、繁殖等生产性能、免疫能力都有影响，对神经及呼吸器官也有刺激，特别是长期的、超浓度的刺激，就会使猪致病。

（五）灰尘的吸滞

吸滞尘埃对改善猪场的空气质量，减少空气中的有机和无机物质，保证场内人、猪的健康是十分重要的。植物叶面对吸滞空气中的浮尘作用是很有效的。植物吸滞尘埃的能力受其叶的总面积、叶面的粗糙程度、分泌油脂能力、叶片养生角度、树冠大小、疏密度因素的影响。

第九章
生态养猪的基本模式

随着养猪数量的增长和技术的发展。养猪业也开始从小规模分散的养猪模式，逐步发展为不同规模的、多样化的养猪模式。多年的实践使人们认识到只有按照目前我国养猪业发展的实际情况，在充分吸收我国原有的生态养精的经验并能充分利用我国的种猪资源上，结合国外的养猪经验，进一步发展适合我国目前国情的现代化饲料资源的基础生态养猪的模式，才能达到养猪业可持续发展的目的。

第一节　建立生态养猪模式的基本原则

一、生态学与生物学原则

建立生态养猪循环圈，在经济和劳动力许可的条件下，尽可能地选择适当的生物参与生态养猪的循环圈，增加生态养猪有关的生产内容。即按生态学中所要求的增加养猪生产中的生态环，使在养猪生产过程中所提供的物和能，以及产生的一切排污物，都能通过各个生态环中的生物的活动而得到充分利用，进而生产出更多有益产品，并获得最佳的生态、经济和社会效益。如养猪场所产生的污气可通过种植树木和增加一定数量的农田加以阻挡和吸收，使养猪场的排污尽量达到或接近零排放的要求。使养猪业的发展不会污染环境，同时又为猪创造一个良好的生存环境。

二、可持续发展原则

要实现猪、农、林、渔、副相结合，养猪生产达到可持续发展的要求，并能促进养猪业的发展，有利于猪的疾病控制和防疫。养猪的规模不能随心所欲地确定，要按照当地养猪的可容纳量来确定发展的数量。

三、废物利用原则

积极提倡利用养猪所产生的废物，进行厌氧发酵生产沼气及其他的发酵产物，如沼渣和沼液加以充分利用。他们是很好的农村能源和农业肥料。如果当地气温较低，不适于沼气的发酵，则一定要将这些养猪废物加以发酵后，作为农业的肥料加以利用。

四、绿化原则

无论采用什么样的生态养猪模式，猪场周围要根据当地的气候和自然条件及情况，种上一定数量的树木，树木既可以吸收一些污气，又可调节空气质量，同时还可作为防护林，一举数得。

五、因地制宜原则

发展生态养猪必须和市场紧密联系，充分掌握有关的信息，根据市场的需要来组织生产，避免因信息不通而使自己所从事的产业受不必要的经济损失。除此之外，还要尊重当地的宗教和风俗习惯，不可盲目地发展养猪业。

第二节　国内外生态养猪模式

一、国外的生态养猪模式

欧美大部分国家在发展畜牧业的同时，都会以土地对畜禽排出的粪便量的可容纳程度作为允许发展畜禽业规模的法律依据，并制定相应的法律。因此，国外从法律上就对防止畜禽粪便可能形成的污染作出了明确的限制。此外，国外还十分重视动物的福利，为猪群创造良好的生活环境。下面简要地介绍几个国外发展生态养猪业的例子，可供我国发展生态养猪业参考。

（一）以菲律宾玛亚农场为代表的生态养猪业

在亚洲国家中，菲律宾的生态农业发展得比较好，并有一定的代表性。菲律宾玛亚农场的生态养猪业建设很有参考价值。这个农场以养猪为主，饲料基本上以农场自己生产的为主，猪粪、猪尿先经过鸭将粪中残余的粮食择食遍，然后再发酵生产沼气作为生活和发电的能源，沼渣和沼液作为农、果业的有机肥料，养猪业实现了零排放，生态和经济效果良好。

（二）北美的生态养猪业

北美国家农业主要是以农场为主，他们养猪大部分都是和种植业结合在一起，猪粪、猪尿有较好的发酵和储存设施。猪粪、猪尿发酵好后，作为有机肥料被利用，保证了粮食的持续高产。北美国家的法律也比较健全，每公顷土地能养多少猪，都有明确的法律条文规定。农场内除了使用相当数量的化肥外，养猪产生的猪类、猪尿，都能被农场的土地所利用不会造成环境的污染。因此，农业生态发展良好，是种大规模生态农业的典范。

（三）欧洲的生态养猪业

欧洲的养猪业规模不是太大，欧洲的家庭农场的规模都在一两百公顷左右，养猪的规模大部分在一两千新头以下。特别值得我们重视的是欧盟国家很注意动物福利，他们已不采用定位栏养猪，并且十分重视食品的安全。和北美一样，欧洲也有关于按农场的土地规模限定养猪数量和畜牧业发展规模的法规，每个农场内都有比较大的储粪设施，粪、尿发酵后作为肥料。欧洲的家庭农场的生态环境都很好，一般都是农、牧、林、果结合。

英国有一种养猪的方法，当小麦收割完以后，将猪养在麦茬地里。猪舍用的是一种简易式的活动猪舍，任猪在地里自由地生活。一方面，让猪捡食收割完麦子后掉落在地里的麦子；另一方面，猪的粪、尿可自由地排在地里，省了很多人工，到下一次播种时猪再回到猪场。这种养猪的方法适用于土地比较多、冬季又不是特别冷的地方。

国外生态养猪方面有很多地方值得我们学习，特别是制定了完善的、与保护环境和猪的福利有关的一系列法规，对发展生态养猪的基本要求用法律的形式作出规定。猪粪猪尿的利用比较充分，农牧结合良好，注意环境保护，保证了生态养猪业的良好的可持续发展。当然国外养猪的数量比中国要少得多，处理养猪所产生污染的压力相对要小一些。

二、国内的生态养猪模式

国内生态养猪的发展已经有了悠久的历史，近年来随着生态学和生物学以及养猪业的发展，我国生态养猪也有了不少新的进展。全国各地都做了不少的探索，也有很多的经验。我国要按不同地区的特点，建立不同的生态养猪模式。

由于我国地城江阔，各地的气候、风土人情和养猪规模有较大的区别，生态养猪的模式不可能是一样的，必须是按照因地制宜的原则进行安排，各地的养猪业者都创造了很多适合于当地发展的生态养猪模式，因此各地生态养猪的模式是不同的、丰富多彩的。我国生态养猪的模式应提倡多样化，这样才能使我国的生态养猪业发展得更快更好，也更便于在各地推广。我国生态养猪的模式按地区的不同特点分述于下：

（一）华南地区

华南地区生态养猪的主要模式是养猪—沼气—农（林、果、菜）—渔—副业的生态循环。珠江三角洲一带，一直是实行猪—桑—农—果—渔的生态养猪模式，形成非常有特色的珠江风情。虽然随着改革开放政策的实施，这个地区的经济有了飞速的发展，大规模养猪也有了很大的发展，但是不少地方还保留原来那种养猪模式。由于华南地区的气候比较温暖，所以十分有利于沼气的利用和发展，因此目前以沼气为纽带的生态养猪业已被广大养猪业者所认同。如深圳市农牧实业有限公司、肇庆市四会猪场以及江西省赣南地区的猪场等，在发展生态养猪方面都取得了很成功的经验。他们采取了以养猪为主，将猪粪、猪尿厌氧发酵后产生沼气和沼液及沼渣等有机肥料。沼气发电或作为生活能源，同时将沼液、沼渣和发酵好的猪粪、猪尿作为发展农、果、林等所需要的有机肥料，取得了很好的生态、环境和经济效益。

（二）西南地区

西南地区以四川和重庆为核心，养猪数量比较多，是我国养猪的大区之一。四川和重庆沼气利用开展得早，有不少经验和教训。在沼气利用方面、农牧结合方面、猪肥利用方面都比较好，也比较有经验，很多地方都是实行猪—沼—农—林—果—菜—副的生态模式。目前云南省和贵州省在发展沼气利用和生态养猪方面也逐步得到推广和发展，国家也给予扶持，如云南省种猪场的生态建设工作是做得很不错的。西南地区历来就有利用冬季的农田种绿肥和青绿多计饲料的习惯，为提供猪的饲料创造了较好的条件。

（三）东北和西北地区

由于本地区气候比较寒冷，沼气利用就比较困难，但是土地比较辽阔，有利于猪粪肥的利用，养猪的污染相对较好解决。在生态养猪方面农民们也有很多创造，如辽宁省大洼县生态养殖试验场自 1984 年开始，他们依靠水稻种植和水面的利用，发展生态养猪，猪粪得到充分的利用，通过水面养绿萍解决青饲料，污染得到了很好的控制。此外，在夏季青饲料来源比较充足，可作夏秋季的青饲料和冬春季的青储饲料。在青饲料的利用方面，农民们也非常有经验，从春季野草生长开始到秋季野草枯萎，他们都大量的从周围的农田和荒野采集野草，并利用野草作为养猪的饲料。放牧养猪也很有经验，北方很多农村都有放牧养猪的习惯，春、夏放青草，夏、秋在粮食收割完以后，将猪放到收割完的粮食地里，任猪去捡食收割过程中散落在地里的粮食，人们称之为"放秋膘"，猪放完"秋膘"以后，一些够重量的猪就可以上市或屠宰，一些体重比较小的猪也长满膘准备过冬，这是一种很好的发展生态养猪的方式，既省了劳动力，又节约了粮食。东北和新疆粮食产量多，有利于养猪业的发展。但这两个地区的气候都比较寒冷，对养猪业的发展有一定的影响。西北地区发展养猪业一定要尊重当地少数民族的习惯和要求，这也是生态养猪的一个原则。

（四）长江下游地区

长江下游地区是我国有名的鱼米水乡，这个地区历来就有养猪、积肥、种好田的习惯，农村中每家每户都要养几头猪。由于在这个地区农、猪、渔、桑结合得非常好，农村因此比较富有，生态环境非常好，形成江南特有的田园风光。这个地区过去也是我国主产区，但近年来，由于工业飞速发展，农村也随之发生一些变化，苏南和浙北养猪数量减少很多，但苏北、安徽江西养猪的数量仍很多。

（五）华北地区

华北地区的气候比较干燥，冬季比较寒冷比东北要暖和，很适合发展养猪业。华北地区分布有平原、丘陵山地、河滩、海滩和沙漠，不同地方的生态略有不同，养猪模不同。如山、岭地区可以发展猪—沼—果（林）—菜或粮的模式；平原地区可以发展猪—沼—粮的模式；海滩或沼泽地区可发展沼—渔等的模式。由于冬季气温较低，种菜可采用塑料棚保温棚内建地下式的沼气池的办法，用厌氧发酵处理猪粪、猪尿，产生沼气，又可利用沼液和沼渣作为肥料，一举数得。华北地宜于推广和建立猪—沼—农（林、果、菜）—渔—副业加工的生态模式。

第三节　不同生产规模的生态养猪模式

一、农村小规模的生态养猪模式

农村的小规模养猪，一般有两种形式，一种是定规模的养猪小区，还有一种是分散的家庭养猪。

家庭养猪采用生态庭院的方式比较好。生态庭院就是利用自己的房前屋后地及空地种菜、种果、养猪和养一些其他的禽类或昆虫等，还可种一些果树。所有人和动物产生的有机污物可以沼气，也可制作肥料。园内还可种一些花草等植物以美化环境庭院发展养猪的模式，需用的精饲料相对要少，农村中的青饲农副产品饲料利用的要多一些，又可发挥农村中的半劳力的作用，是符合我国国情的生态养猪模式之一，在新农村的建设中是很值得扶持和重视的。很多人认为农民的分散养猪最大的问题是生产的不稳定性，而且很难管理，可以采取以经济合作组织或是公司加合作社加农户的形式从经济上将他们组织起来。

目前我国农村不少地方都发展养猪小区，这是一种几个农户在一起，但是又是各自独立进行养猪的一种模式。如果养猪小区不能统一管理，问题就比较多。因为每家猪农都是一个独立的单位，每家都散养一些鸡和狗，猪苗又各自从不同的地方购入，很容易带入猪的传染病。若要发展养猪小区，一定要有好的管理，并且对防疫工作一定要十分重视，还要科学和周密地符合养猪学要求的区域规划。养猪小区的猪农要和当地的养猪协会和畜牧兽医站取得密切的联系，以得到他们在疫病防治和有关市场信息方面的支持。

二、大、中规模猪场的生态养猪模式

大、中规模养猪模式的发展是十分必要的，在养猪生产过程中，它便于引入和应用国内外养猪的先进技术。由于规模猪场养殖和生产的肉猪的数量比较多生产也比较稳定，只要市场猪价和饲料价稳定，有一定的利润大、中规模猪场的生产都是比较稳定的，因此对市场的供应也比较稳定。但由于猪场的规模大，养猪的密度大，因此所排的废弃物比较多，对环境的污染显得较为严重。

（一）大、中规模生态猪场的建设必须注意的问题

（1）根据我国多年来的实践经验和教训，我国养猪的规模不宜大，如无特殊要求，每养猪单元总存栏量不宜超过 5000 头，条件可以适当扩大一些，但切忌不讲条件，盲目追求大的养猪规模单元养猪业和工业不同，不是规模大就会有规模效应。因为养猪业是种生物产业，在很大程度上受到生态环境所制约，一切要以投资的最大综合效益作为衡量标准，一定要将猪场的单一经营模式改变为多种经营模式。欧洲大部分养猪场的规模都不大，所采用的养猪规模值得我们参考。

（2）要发展和应用生态养猪技术。要开发利用中国农家饲养的方法，减少粮食的用量比例。

（3）要保证猪的基本生态和生活环境需要，要保证为猪创造良好的生长和生活条件，

还要通过养猪来改善猪场及猪场周围的生态环境。为了减少猪场的空气污染，猪场内和猪场周围要种一定数量的树木。猪场排污一定要达到国家关于畜禽殖场排污的标准，要尽量采取措施使污物能达到零排放的要求。

（4）要特别注意猪的防疫工作，认真贯彻防重于治的方针，推广两点或多点式的养猪模式。每个养猪点之间要有一定的距离，最好不少于 500m。要根据猪群的饲养量来定，猪群大则间隔距离要远，猪群小间隔的距离可稍近一点，这样安排有利于对猪疾病的控制。在养猪场的周围至少 1km 以内不能有其他经营单位的养猪生场，更不能与它们有直接相通的道路。

大、中规模猪场的生态模式没有统一的要求，必须根据当地的养猪条件，因地制宜地确定。如我国南方地区水比较充分，可以采用水冲的方式清扫猪舍，并采用以沼气为纽带的生态养猪的模式；在我国北方地区气候比较寒冷或水源不太充足的地方，就不能用水冲方式清扫猪舍，必须考虑采用其他的生态模式。不同的清粪方式影响到粪肥的处理和利用，因此选择何种方式养猪时，我们必须根据当地的具体条件来精心考虑。

（二）目前我国可采用的模式

（1）水冲式清扫猪舍的生态养猪模式。水冲式清扫猪舍的养猪模式，指的是每天清扫猪舍时用水来冲洗猪粪或猪栏。这种方式在养猪时消耗的劳动强度比较少，但用水量大，因而所排的污水量也大。在建立生态模式时，首先要考虑的问题是如何处理和利用这些污水，然后围绕养猪和污水利用建立生态循环圈。由于全年能采用水冲洗猪舍养猪方式的地区，全年的气候都会比较温暖，适合于进行污水的沼气发酵，因此可以建立以沼气为纽带的生态养猪循环圈。在这样的生态循环圈内有几个要作为配套的产业。首先要有足够的种植农作物（包括蔬菜）或林、果的土地，以充分利用和消耗掉沼气发酵所产生的可作为优良肥料的沼液和沼渣；其次要种植一定面积并构造成一定宽度的果林和林带，这些果林和林带可以在一定程度上吸收和阻挡猪场的污气；再次，要建立可靠的饲料基地，要与一些可靠的饲料加工企业或可靠的农副产品加工企业建立有法律效力的供货和利润关系，有条件的猪场要建立青饲料生产基地；最后，要有可靠和稳定的市场。在这个基础上只要劳动力和经济条件允许，还可以发展水产养殖、蚯蚓养殖、蝇蛆养殖等其他产业以充分利用多余的沼渣，建立一个良性的生态养猪循环圈。

在这种生态养猪循环圈内所产生的沼气是很好的可再生能源。如果有一定的投资，特别是在我国的南方地区，可以建立以生产沼气为主的发酵池，生产足够的沼气用来发电，其发电成本是很低的。

（2）不用水冲洗清扫猪舍的生态养猪模式。不用水冲洗清扫猪舍的养猪模式，指的是在清除猪舍内的猪粪、猪尿时不采用水冲的方法。一种是主要以人工的方法来清除猪舍内的污物，或者采用人工训练猪定时定点排便，使猪基本不在或很少在猪舍内排便。这种方法在黑龙江农基系统的养猪场中采用得比较多。另一种是在猪场的旁边设置一个地方作为排便的地方，也是积肥的地方、所积的肥发酵好以后就近施到农田里。

（3）还有一种被称为用发酵床养猪的方法。这种养猪方法的采用有一个发展过程。近年来日本的学者发现和培养了一种复合微生物群，它们在好氧和有一定湿度的条件下，能很快地分解猪的粪、尿，其中的水分蒸发得也很快，因此填料的使用时间可以较长，不用经常更换，这些用过后的垫料，只要在每群猪转群腾出猪栏的时候清理出去，即可用做肥料。目前我国不少地方正在为使用这种养猪的方法进行试验和探索，以便在取得成功的经验后进一步推广。如果这种养猪的方法取得成功，对发展我国的生态养猪是十分有利的，可以提高劳动生产的效率，对于改善猪舍的条件也会有一定的作用。

（4）两点或三点式按不同生产阶段异场分开饲养的规模养猪模式。目前在欧美养猪界都很重视这种模式。这种模式的主要原理是利用哺乳仔猪在 20 日龄以前从母体内所获得的母体抗原还没有消失，对大部分猪病有一定的抵抗能力（除了一些在母体内可以垂直感染给仔猪的传染病），因此应用早期断乳的技术，将仔猪转移到防疫条件好的保育猪舍，到体重达 25~30kg 时就转到肉猪舍饲养直到出栏。这种饲养方式由于防止了在哺乳期从母猪舍里可能感染的大部分疾病，对控制猪的疾病是十分有利的，因此受到人们的重视。但是在生产实践中 20d 断乳早了一点，一般采用 21~28d 断乳防疫工作。将母猪舍、仔猪舍、肉猪舍分成 2 个或 3 个区域建立，每个区域之间的间距要大于 500m，相互间最好有林带隔开。这种方式目前在我国已逐渐得到推广。

第四节　不同生产内涵的生态养猪模式

生态养猪模式还可以不同的生产内涵来构建不同模式的生态养猪循环圈。其主要内容为发展养猪业的同时，相应的发展农、林、果、渔、及其他种养和副业产业，以保证养猪业有一个良好的、可持续发展的生态环境。现将不同生产内涵的生态养猪的各类模式分述如下。

一、以种植粮食为主要配套的生态养猪模式

这种生态养猪模式的生态循环圈是由猪、沼、粮、农副业生产和市场所组成。即猪—沼—粮—农副业—猪—市场的生态循环模式，或是猪—肥—粮—农副业—市场的生态循环模式。养猪所产生的猪粪、猪尿经过厌氧和好氧的发酵后，作为粮食生产时所需要的肥料，同时利用农副产品和农田在轮作中生产的绿青饲料，再加上少量的粮食来喂猪，养猪的劳动力基本上是半劳力。这种生态养猪模式是我国农村的农业生产中采用的最基本的模式。自古以来在我国农业生产中早就已经采用和实施这种模式，数千年来我国的农业和养猪业不仅为中华民族的繁衍和发展提供了粮食和猪肉食品，它还留给我们后人一个良好的农业生态环境，特别是长江三角洲和珠江三角洲及我国广大的农业发达地区，从历史上就形成了优美的具有良好生态的田园风光，为我们国家的发展和哺育我国的人民所作出的贡献是极为巨大的，经验证明这种农业发展模式是成功的。但是我们必须明确它是在我国小规模分散的农业生产特点上发展起来的，粮食和肉的生产率都比较低，已经无法满足我国高速发展经济和众多人口的需要。我们需要在其基础上进一步发展生产效率更高的、现代的生态养猪模式和农业发展模式。

我国的实际情况是人口多，土地不足、所产的粮食较少，不能养猪模式和农业发展模式像经济发达的国家，或是地多而人口少的国家那样，用很多的粮食去发展养猪业，我们必须根据我国的特点、结合市场的需要以及本身所具有的实力，来考虑如何建设生态养猪场。按照目前我国的实际情况在农区中发展猪—沼—粮—副业生态养猪模式，必须要注意以下几个要点：

（1）有条件的地方一定要采用沼气发酵技术。沼气是农村中非常好的可再生能源，另外农村中的人、猪的粪和尿以及一些有机废物经过沼气发酵后，沼液和沼渣有很高的肥效，同时这些有机废物经过厌氧发酵后大部分的微生物和寄生虫能被杀灭，又可以消除粪尿产生的臭气，对改善农村的环境有很大的作用。在我国发展现代的生态农业，沼气发酵是一个非常重要的环节。我国农村中沼气利用的历史还比较短，仅有一百年左右的历史，因此沼气发酵技术及其发展利用还有很大的探索余地。

（2）以猪和粮为主的生态养猪的模式是没有限制的，要提倡多样化地发展生态养猪的模式。

（3）为了适应和满足市场上对猪肉的大量和日益增长的需求，在养猪生产中必须应用先进的养猪科学技术。如国外猪种和国内猪种的杂种优势的利用、特色猪的生产、饲料的合理配合、绿青饲料的利用、饲料添加剂的合理利用、猪的人工授精技术的应用、先进的兽医疾病预防及治疗技术等。为此在农村中要恢复和建立猪的技术推广机构，以及以省或是市为单位的猪繁育体系，在本省或市内解决猪源的"自繁自养"，避免猪苗跨省大流动的问题。

二、猪—沼—果（林）—副—市场的生态养猪模式

由于种果树需要很多有机肥料，因此当前这种模式在种果业发达的地区很受欢迎，特别在江西省赣南地区甚为普遍，有很多的果农都采用这种模式。赣南地区是我国发展脐橙最好的地区，而且脐橙的质量也好。但要生产出高质量的优质脐橙，除了要有适当的技术、土壤和气候外，有机肥料是不可缺少的条件。赣南地区的政府对此极为重视，在安排生产脐橙的同时，也安排了养猪生产的发展，并且帮助他们发展和利用沼气。赣南的果场大部分都养猪和发展沼气，果场的生态环境很好。

此外，我国广大的林区为了解决林区职工的肉食需要，都发展养猪业。除了热带和亚热带的林区外，大部分林区气温较低，发展沼气不太容易，主要用猪粪、猪尿作为种菜和苗圃用的肥料。

广东省深圳市农牧实业公司的下属猪场和四会市四会上布种猪场等不少猪场，在猪场周围的丘陵和山坡地，都种植大量的亚热带特色水果。大部分猪场都利用猪粪、猪尿进行沼气发酵，有的用沼气发电，有的直接用沼气作为生活能源，对污染的控制起了很大的作用。

如果条件允许，果场的养猪场的位置最好建在果场的高处，这样便于沼渣和沼液或猪粪、猪尿的发酵肥料输送到果园。此外果园的土壤和肥料要进行化验，确定需补充的其他

肥料成分，取得最佳的施肥效果。猪场沼液中的重金属或微量元素含量也应符合种果需求，不得超标。

三、猪—沼—渔—副（果）的生态养猪模式

这种模式主要适合在养鱼场发展，结合养鱼的同时发展养猪，猪粪、猪尿及喂猪时浪费的饲料作为鱼的饲料。这种模式南方比较多，国外（如泰国）也可以见到这种养猪的模式。由于鱼消耗的猪粪、猪尿量不大，因此为了更好地消耗多余的猪粪、猪尿，在渔场的周围还种一些果树或蔬菜。猪舍建在鱼塘的边上或其上面。在珠江流域这种模式很普遍，这种模式所养的猪主要以肉猪为主，是珠江农村特殊的风景之一。

四、猪—沼—菜—副的生态养猪模式

高质量的蔬菜或是有机蔬菜的种植必须要用有机肥料，因此在种菜场的附近建一个养猪场是很有必要的。养猪可以提供必要的以猪粪、猪尿为主的优质有机肥料，而种菜又有大量不能上市的菜可以为猪提供很好的青饲料，可以降低饲料的成本，有很好的互补作用和生态效益。但是养猪的方法要注意饲料营养成分的配合，要有合理的营养浓度，保证猪能快速生长。饲料中加有较多的青菜，与饲喂干的精饲料比起来要增加些劳动量。此外这种模式养猪采用发酵床养猪方法也很好，可以省去发酵猪粪的劳动，每群猪出栏后栏中的填料可以直接用作肥料，因为它们已经发酵好了。

五、猪—沼—草（绿肥）—副的生态养猪模式

种草在我国的农业生产中有两种情况：在牧区或是为了保护土壤，避免土壤表层受到自然界的水或风的侵蚀和破坏；或是为大牲畜生产饲料，这种地区一般比较干旱。此外还要注意民族政策，如果这个地区的少数民族不能养猪，就不能考虑发展养猪的问题。我国的农业耕作制中有草种是农田轮作制中的一个环节，种草主要是种作为绿肥的豆科草。也有在一些地多人少的农区留有专门的饲料地，种青绿多汁饲料，生产的青绿饲料除去肥料部分，大部分作为饲料。猪、草结合的生态养猪是一种很好的模式，在长江流域以南（包括长江流域）都有在农田轮作中，主要在秋、冬季，留有一个种草、块根茎作物的做法，这是解决我国饲料粮不足的非常重要的途径。

第十章

生态养猪新技术——发酵床养猪

发酵床养猪技术又称生态养猪技术、生态发酵床养猪法、自然养猪法、零排放养猪法等，但都离不开发酵这个核心。生态养猪就是给在养猪过程中给猪一个自然生态的原始生存环境，在现代养猪过程中包括发酵床、发酵饲料以及饮水三个方面，在猪的居住及喂养过程中都给予一个自然生态的环境。

第一节　发酵床概念与类型

一、发酵床的概念

发酵床养猪技术是依靠微生物学和生态学原理，利用特种复合微生物群持续稳定地将猪的粪尿转化为气体、有用物质与能量，实现粪尿完全降解的无污染、零排放目标一种环保养殖模式。其关键是把目前通行的猪圈水泥地，改换成由添加了专门发酵菌剂的垫料铺成的具有发酵功能的地面。垫料的原料最好是锯末，也可以用稻壳和农作物秸秆等。发酵就是在锯末等垫料的帮助下，专用发酵菌群以猪的粪尿为主要营养生长繁殖的过程。

发酵床养猪技术是从铺设垫料养猪法逐步演化而来的。其目的是吸附粪尿和改善地面的坚硬、冰凉、湿滑等条件，与发酵床技术不同的是，垫料养猪中的粪尿在垫料中主要发生腐败反应，没有正常的发酵过程，只能使粪尿吸纳到垫料中，不能解决粪尿的去路问题，这样就必须在短时间内清理更换垫料，否则粪尿过多会影响猪生长。另外，垫料养猪法不产生明显发酵反应和发酵热量，而发酵床持续产生较多热量和有用物质。

发酵床养猪实现了两大目标：一是无粪尿排放，对环境无污染；二是满足了猪自身的生活条件和原有生活习性，从根本上提升了猪的健康活力，猪群生病少、生长快。

发酵床养猪技术还具有节能、节粮、节水、省工、省药，提高猪肉品质等多方面的效果。

二、发酵床的类型

根据开始进猪时垫料的含水量不同，发酵床技术分为湿式和干撒式两种类型。湿式发酵床是将垫料原料与发酵菌剂搅拌均匀，加入适量水分，提前发酵一定时间，再摊开散热后铺进猪圈，然后进猪饲养的方法。目前推广的发酵床技术大多属于湿式技术，湿式技术在实际应用中暴露出较多缺陷。

干撒式发酵床是将干垫料原料与发酵菌剂掺匀后不加水分，也不提前发酵，直接铺进猪圈，铺好后即可进猪饲养的方法。干撒式发酵床操作应用方便、养猪效率提升。长远效果可靠，是发酵床技术的重大进步和完善。

三、发酵床猪舍的建造原则

发酵床设计的一般性原则，供各猪场在建设或改造中采用：

（1）每栏面积以 40m² 左右为宜，便于垫料的日常养护。

（2）发酵床面积为栏舍面积的 70% 左右，余下面积应作硬化处理，成为硬地平台，供生猪取食或盛夏高温的休息场所。

（3）垫料高度以保育猪 40~50cm、育成猪 60~80cm 为宜，一般南方地区可适当垫低，北方地区适当垫高，夏季适当垫低，冬季适当垫高。

（4）育成猪养殖密度较常规养殖方式降低 10% 左右，便于发酵床能及时充分的分解粪尿排泄物，能保持健康养殖环境。

（5）垫料进出口的设计要满足进料和清槽（即垫料使用到一定期限时需要从垫料槽中清出）时操作便利。

（6）加湿装置应保证后期垫料养护加菌时能共用。

（7）通风设施完整，南方夏季加温时要考虑加湿帘。冬季应定时开启排风扇，避免猪舍湿度过大。

第二节　发酵床的垫料组成与制作

一、发酵床垫料的组成要求

（1）从技术角度看，垫料原料要求碳氮比高，碳水化合物（特别是木质纤维）含量高、疏松多孔透气、吸水吸附性能良好、细度适当、无毒无害、无明显杂质等。

（2）从实用的角度来说，垫料原料必须来源广泛，采集、采购方便，价格尽可能便宜，质量容易把握。

发酵床垫料原料碳氮比是发酵体系中最重要的影响因素。理论上讲，碳氮比大于 25 的原料都可以作为垫料原料。而且碳氮比越高，使用寿命越长。常用的几种原料的碳氮比平均值为杂木锯末 492：1、玉米秆 53：1、小麦秸 97：1、玉米芯 88：1、稻草 59：1。

二、组成发酵床的原料

（一）锯末

是最佳的发酵床垫料，在所有垫料中锯末的碳氮比最高，最耐发酵。同时锯末疏松多孔，保水性最好，透气性也比较好。从技术上讲，全用锯末或以锯末为主掺和少量稻壳做发酵床是最好的。锯末的细度正好适合发酵床要求。各地都有大小规模不等的木材加工市场供应锯末。在多数地方，锯末的资源比较缺乏，价格也较贵。由于木材和加工方法不同，锯末的种类、湿度和品质差异较大。使用锯末要注意以下几点：

（1）不得用有毒树木的锯末，如楝木等，否则，会引起中毒。

（2）使用松木等含油脂较多的锯末时应先晾晒几天，使挥发性油脂散发，避免引发猪皮肤和呼吸道过敏以及消化道应激反应。

（3）原则上不使用含胶合剂或防腐剂的人工板材生成的锯末，因为这种锯末中含有的添加物质对猪有毒，而且可能对发酵床有抑制制作用。如果必须使用，要与其他锯末混合后铺设到最下层，或者少量与原木锯末混合后使用。

锯末的干湿度要符合发酵床操作的要求，湿度过大要提前晾晒。干撒式发酵床所用锯末必须干燥。木材加工生成的刨花也可替代锯末使用，最下层可全部使用，不太粗的刨花可全部替代锯末，养中大猪时可不考虑刨花的粗细。

碎木块和树枝、细木段都可以用到下层垫料中。

（二）稻壳

也是很好的垫料原料，透气性能比锯末好，但吸附性能稍次于锯末。含碳水化合物比例比锯末低，灰分比锯末高，使用效果和寿命次于锯末。可以单独使用，也可与锯末混合使用。稻壳不宜粉碎，因为过细不利于透气。稻壳比锯末的优点在于品种单一、质量稳定，一般不用担心过湿和发霉。

锯末中掺入少部分稻壳的效果与单一锯末的使用效果相近。这种垫料配方的优势在于提高了纯锯末的透气性能，降低了纯锯末湿润后的易黏结性。

仔猪在未接触发酵床之前进入含稻壳的发酵床，可能会造成吃入稻壳后胃肠道功能应激和胃溃疡，影响生长速度。

（三）小麦秸和稻草

可以不铡短直接铺到最下层，厚度不超过20cm。也可铡短到2cm左右，与锯末或稻壳混合使用，比例不超过1∶3。

由于玉米秆、麦秸和稻草粉碎费用较高，而且粉碎后的透气性能不佳，吸水后透气性能更差，且容易腐烂，因此不宜粉碎使用。

注意事项：

（1）干撒式发酵床可完全按照以上方法使用垫料。

（2）无论哪种垫料都要保证干燥、不霉变。垫料霉变不但会影响发酵功能菌群的活力，而且猪食入后会造成消化道机械性阻塞。但少量混入的泥土和砖块不必拣出。

（3）垫料中不得混有明显的沙粒，否则会影响猪的消化功能。

三、组成发酵床的垫料用量

以干锯末为例，每吨锯末约铺设50cm厚的发酵床10m²，折合体积5m³，稍湿的锯末要酌情折算，其他原料可以锯末为参照计算。

第三节　发酵床的铺设与启动

一、发酵床的铺设

干撒式发酵床实现了发酵床技术的傻瓜式操作，一看就会，养殖户到猪场参观学习后比较乐于接受。

（一）第一步：稀释菌剂

将发酵床菌种按商品说明比例（一般是 5~10 倍）与麸皮、玉米粉或米糠混匀稀释。

添加麸皮、玉米粉等物料的目的不但是稀释菌剂，使菌种与垫料混合均匀，而且还为菌种的复活提供高浓度的营养物质，促进菌种快速复活，加快发酵床启动。

（二）第二步：稀释菌剂

最好采取边铺垫料边撒菌种的方法。垫料原料购进后，从运输车辆上卸下时直接铺进发酵池内更省力。也可以先将菌种与垫料原料提前均匀混合后一次填入发酵池，这详做可费力。切记，菌种和垫料中都不可加水。

为便于播撒菌种，将垫料分成五层铺填，每层垫料上面手工均匀播撒一层菌种，每一层用菌种总量的 1/5。

（三）第三步：铺足垫料

垫料厚度达到 60~70cm。刚铺设的垫料比较虚，进猪饲养几天后，经过猪的踩踏和发酵热的作用使垫料基本被压实，厚度使大约下降到要求的 50~60cm。

（四）第四步：进猪饲养

垫料铺设完毕当即就能进猪饲养。

（五）第五步：启动发酵

将新鲜的猪粪尿埋入 10~30cm 深处，覆盖好垫料。一般情况下，如此反复数次，即可启动发酵。

在实践中，由于天气影响和垫料原料采购进度慢等原因，发酵床没能按计划日期完成铺设，而有部分猪群急需转入发酵床饲养。这时可以先铺成少量面积发酵床圈面，接纳急需转进的猪群。如果即使少量铺设，垫料原料也不能满足需要，还可以先把垫料厚度铺到30cm，养上猪，以后再补足差额部分，但不能延时过长。

二、发酵床的启动

（一）启动温度

发酵床的发酵菌种在 10℃ 以上复活较快，明显低于这个温度，会处于半休眠到完全休眠状态，无法正常工作。所以垫料温度特别低时要采取人工干预的方法启动发酵床。启动之后，菌种会经过一个短暂适应期，然后呈几何级数快速繁殖，发酵繁殖过程放出热能，使垫料温度持续升高。菌种利用自身产生的热量又加快繁殖，形成良性循环，这样启动就完成了。

（二）启动方法

在实际操作中，新启动的发酵床大多数情况下能自行启动，无需特别的人为干预。但以下两种情况例外。

第一种情况是寒冷季节使用新铺成的发酵床饲养小猪。由于气温低、猪粪尿少，启动缓慢，不能满足小猪对温暖条件的迫切需要，必须快速启动。可以采取以下几种方法：

（1）利用带体温的新鲜猪粪尿启动：将猪喜欢排粪尿的地方的垫料扒开，深度约20cm。猪排粪尿后，立即趁热将垫料与粪尿搅拌，再盖上垫料推平。一般2~3d局部便快速发酵升温，以后再带动周边垫料逐步发酵。

（2）小猪发酵床埋入大猪的新鲜粪便，使其快速启动升温后放进小猪饲养。

（3）室内预先升温，再铺填垫料。

（4）在猪爱卧的地方悬挂红外线灯泡，增加局部温度。或往待启动的垫料区域喷洒红糖水。

（5）如果猪舍温度过低，小猪在发酵床启动初期感觉太冷，最好在新发酵床上饲养大猪，待发酵床完成启动后再进小猪饲养。

第二种情况是表层（或全部）垫料较湿。这样一方面不利于局部发酵启动区的保温，另一方面也会因为粪尿进入后，发酵启动区湿度较大不利于发酵，结果造成发酵启动缓慢。

要解决这个问题必须使用干燥垫料，特别是在寒冷季节。在温热天气，表层垫料略有湿润可照样顺利启动发酵。

那么待发酵床启动升温后再将猪放入的做法可取吗？

这种做法明显错误。不放猪进圈舍，发酵菌没有粪尿做营养，不可能启动；而且进猪饲养后可以提升垫料温度，促进发酵启动。所以发酵床垫料层做好后，无论是冬天还是夏天，均应尽快将猪放进，以便快速启动发酵，不能等到发酵床升温后再放猪进床。

第四节　发酵床的运行与维护

运行理想的干撒式发酵床应符合以下标准：发酵层温度40~50℃（无明显粪尿的垫料温度较低），垫料含水量在20%~60%；垫料表面无明显粪尿堆积、无蝇蛆滋生、不板结；空气无臭味，无明显氨气；屋顶和墙壁上无水滴凝结；表面垫料松软、略显潮湿，手握不黏结，猪跑动时不起尘，中层垫料或与表层湿度相近，或由于填埋粪尿湿度稍高；下层垫料基本保持原有的干燥状态，没有明显的粪尿。

发酵床圈舍日常维护主要包括通风、粪尿与垫料的混合填埋、垫料的翻动以及塑料补充四个方面。粪尿混合填埋和垫料翻动可以单独操作，但往往是配合进行。注意防止除粪尿以外的水分进入垫料，少数情况下还要避免表面垫料过干。简单地说，就是怕雨不怕风、怕实不怕虚。

一、通风

（一）通风的目的

一是及时排出发酵产生的废气和水汽，二是天热时起降温作用，三是补充猪呼吸和垫料发酵消耗的氧气。

如果圈舍内密不透风或者通风强度不足，发酵产生的湿气难以排出，会上升到屋顶凝结成水珠，再滴到发酵床垫料上，时间一长，垫料湿度过大，影响发酵床功能，甚至导致发酵失败。空气潮湿造成猪群应激，病菌滋生，猪易得病。通风不良还会使发酵产生的废气滞留圈舍内，对猪直接产生伤害。

（二）通风的方法

一是靠门窗水平通风，二是用机械通风，这两点与水泥圈舍相同。第三种通风方法是发酵床圈舍特别强调的，就是利用大窗和地窗形成的循环气流实现通风。在环境温度不高、湿度不大、有明显自然风情况下，单独使用较大的门窗进行水平通风就可达到排放废气的目的。

（三）天窗和地窗的应用

发酵床生成发酵气体的量大，加大了气体排放的任务，由于发酵产热，发酵生成的气体就有自动上升的动力。天窗正好给垂直上升的湿热气流提供了顺畅的通道。而墙根处的地窗给发酵床表面上升的垂自气流补充了外来新鲜空气，这样就形成了自动循环的气流，使发酵床垫料表面的湿气和浊气能直接上升到天窗排出，提升了废气排放的效率，保证了全天候状态下的舍内外气体交换。

因此，天窗和地窗形成的立体循环气流，排放湿气和浊气的效果特别好。

（四）天热时的通风

当环境温度稍高，湿度较大，没有明显自然风，靠门窗水平通风和天窗、地窗的通风能力不能满足需要时，要及时开启机械通风设施。在夏、秋炎热季节，通风的目的不但是排放废气，更重要的是降温。发酵床产生热量，发酵床猪舍的降温负荷比水泥圈舍更大，这时要开启机械通风和降温设备。

不论哪个阶段的猪舍，使用哪种通风办法，原则上全天都要持续（或视情况短暂间歇）进行通风，除非暴风雨等恶劣天气时停止主动通风措施。

二、发酵床的垫料处理

（一）粪尿与垫料的混合填埋

将猪粪尿与垫料混合填埋的目的是让垫料原料与粪尿保持适当的比例，而且为进入中间部位的发酵层创造良好的发酵条件。原则上，每天要将明显集中的粪尿与垫料混合填埋。但在小猪阶段也可两三天甚至更多天操作一次。

猪有天生的、高度的自洁行为。自然条件下，野猪从不在窝边排粪尿，避免行迹暴露，以规避猛兽侵害，家猪也保留了这一习性。该习性在圈舍饲养时的表现是：猪的粪尿集中排放到一个边角，在发酵床上饲养的猪群表现更典型。这个习性在水泥圈舍饲养中是优势，但在发酵床上则是不利因素。如果粪尿长时间集中，就会破坏局部发酵环境，不但粪尿不能及时发酵降解，而且使这一区域丧失发酵功能。

为达到粪尿与垫料尽可能混合均匀，可将猪的粪便撒开，以诱导猪群在垫料表面均匀排粪，这样能在一定程度上减轻粪尿集中带来的翻动劳动强度。有农民介绍，在垫料表面均匀撒上一层 3~4cm 厚、提前碾碎的干猪粪，可以很好地诱导诸群分散排粪尿。

（二）垫料的翻动

发酵床发酵过程需要供应氧气，排出废气，所以垫料要保持松散透气。

定期不定期地对垫料进行适当的翻倒处理，可以防止因猪的踩踏而导致垫料板结不透气，进而造成厌氧发酵，无法将猪粪尿降解掉的情况发生。是否翻倒要看垫料的透气程度，以松散没有明显结块为准。猪群对垫料的拱掘动作能起到很好的翻动效果，但猪不会在所有地方拱掘，特别是发酵不充分的地方对猪没有好的气味引诱，一般来说，小猪粪尿量小，对垫料的踩踏也较轻，没有必要频繁翻动。但中大猪粪尿量越来越大，对垫料的踩踏也越来越重，翻动的任务也相应地逐步增大。

为了促使猪群对垫料的拱掘翻动，减少人工翻动的劳动强度，肉猪群最好采用分餐饲喂，不使用自由采食的方法。还可适当控制饲料喂量 5%~10%，迫使猪为寻找食物增加拱掘。据介绍，在猪群不经常拱掘的垫料下面埋入少量爆玉米花可引诱猪的拱掘，发酵床养猪用户不妨一试。

在日常维护翻动垫料时，最好用较大而且齿多（八九个齿）的铁叉，也可用铁耙。这样不但比用铁锹操作轻快，而且掺和均匀。

在大型猪场中进行垫料彻底翻动时，可采用蔬菜大棚使用的翻耕机械进入圈舍内操作，这样可大大提高工作效率。

（三）垫料的消耗与补充

1. 垫料的消耗

发酵床运行一段时间垫料会消耗一部分，一般 3~4 个月一个肉猪饲养周期会减少 10cm 左右，这样就需要补充一部分垫料。

垫料减少的程度主要取决于猪吃掉垫料的多少，猪吃掉垫料的数量又决定于猪的限饲程度和垫料发酵的质量。限饲越明显，猪吃垫料越多，自由采食时吃垫料最少。垫料发酵得越好，猪吃得越多；相反，发酵不充分时，猪则不爱吃垫料。

2. 垫料的补充

有集中补充、定期补充和随时补充三种。

（1）集中补充：就是在一个批次的猪群出栏或转圈后一次补齐消耗的垫料。

（2）定期补充：就是每间隔一定时间补充一次，如间隔 2 个月左右。

（3）随时补充：是视圈内垫料的惰况，如部分区域粪尿集中、垫料过湿，随时将新垫料铺到必要的地方。大猪生长阶段垫料水分和粪尿较多时，可随时补充干垫料。这样不但可以迅速降低垫料中的水分和粪尿的比例，而且能通过增加垫料厚度提高单位面积的发酵率，保证完成大猪阶段较大的发酵负荷。

定期补充和随时补充垫料，就需要经常有一定的垫料原料储备。

补充的垫料质量要以首次铺设时的要求为准。在干撒式床中补充垫料仍应按比例添加发酵菌剂，湿式发酵床的垫料仍需提前发酵。但如果在干撒施发酵床圈内随时补充少量新垫料，不添加发酵菌剂影响也不大。

（四）尽量保持垫料干燥

发酵床中的功能有益微生物生长繁殖的水分要求为 30%~60%，也是发酵所要求的水分，但是这并不意味着在制作发酵床时就要把水分调节至 30%~60%，因为猪粪尿的参与会增加水分，而且只要在发酵最活跃的区域核心层保持适度水分就可以了。其他没有发酵的区域应保持干燥。所有一般在发酵床运行过程中无须另外添加水分（除非干燥起尘时洒水），猪的粪尿进入后正好符合发酵所需水分要求。而湿度大时水分不容易排放，就应尽量通过增加垫料翻倒、加强通风来控制水分。

尽量降低垫料中水分含量是维护发酵条件的重要方面。不论干撒施发酵床还是湿式发酵床，一般不用担心垫料干燥的问题。相反，水分过多则可能会影响发酵功能，甚至造成淹死发酵床的严重后果。

1. 保持垫料干燥的好处

垫料表层一般要尽量保持干燥。这样的好处一是较干燥的垫料对中间发酵层可以起到很好的保温效果，使原本是最上面的保护层也具有一定的发酵活力，实际上加厚了发酵层；二是在较干的垫料上猪感觉舒爽；三是较干垫料的热传导慢，冷天对猪的保温效果好，夏天也不至于使发酵层内的热量过多传导到猪身体上，猪不会感觉很热；四是垫料中水分少时对以后的水分蒸发负荷小，不易造成水分超标。

2. 垫料中水分过多的原因

主要有三种：一是除猪的粪尿外的额外水分进入，包括雨水、地下水以及水管和饮水器漏水；二是维护不到位引起的发酵功能低下和猪的密度过高，发酵床超负荷运行，造成粪尿中的水分没有及时通过发酵蒸腾出去；三是通风不良影响水分蒸发和排放，甚至水汽在屋顶和墙壁上凝结后再滴到垫料上。

3. 避免垫料中水分过多的措施

一是圈舍屋顶和门窗不能漏雨，猪场内排水设施齐全到位。二是发酵床的高度要与地下水位相适应。三是水管铺设合理，饮水器质量要好，一定不要用劣质饮水器。要定期检修或更换饮水器弹簧及弹簧垫，定期更换饮水器。从饮水器漏下的水必须从导流台流出，一定不能流到垫料上。最好安装水碗式饮水器。四是翻动、通风等日常维护一定要到位。五是在大猪阶段饲养密度要合理，不能超标。

在实际操作中，垫料的含水量不大可能用仪器测量，只能靠人的感官判断。一般来说，含水量在 20% 左右时，垫料干燥，没有潮湿感；含水 30% 时，垫料稍有湿润感；含水 40%~50% 时，垫料明显潮湿；含水 60% 左右时，手握垫料略有黏结状，但手松开时马上散开；超过 60% 以上，用力握垫料，指缝会有水浸出。

（五）猪群出栏后的垫料处理

每一批猪群出栏后，对垫料的处理都包括两个方面：首先要彻底翻到垫料，做到完全松散透气，粪尿与垫料混合均匀；其次，再原有垫料的上层补充新垫料，达到要求厚度。如果原有垫料中水分和粪尿不过多，新垫料没有必要与老垫料掺和，否则要用适当部分新垫料掺入老垫料中，提高发酵率。此时新垫料中需添加菌种，然后发酵一周左右，再进下一批猪饲养。

上述处理的意义，一是在短时间内使垫料快速发酵，使粪尿和水分尽量降低，为下一批猪饲养时提供良好的发酵环境，减轻以后的发酵负担；二是尽量使发酵过程剧烈，温度尽可能升高，以通过发酵过程杀死存留在垫料中的病原微生物和寄生虫卵。当然要使垫料达到相应的厚度。

大猪出栏后最好进小猪饲养，这样做的好处有两点：一是在寒冷天气时发酵床的温度较高，给小猪提供温热的环境；二是小猪阶段粪尿量小，在这段时间能够将大猪阶段积留的粪尿降解完，充分利用了发酵床的降解能力。

干撒式发酵床维护的要诀：

怕小不怕大（指发酵池面积要尽可能大）；

怕风不怕雨（舍内要通风，但不能淋雨进水）；

怕湿不怕干（控制垫料湿度，尽量保持干燥）；

怕实不怕虚（垫料要松散透气，不能板结）；

怕堆不怕拱（粪尿不能堆积，要松散和掩埋）。

三、发酵床异常情况的处理

要保证发酵床正常运行，就必须具备三个条件：一是有高效的发酵菌种，二是发酵床圈舍建造要规范，三是要正确维护发酵床和管理猪群。这3点有一个方面操作不到位，就会造成发酵床猪舍使用效果不理想，甚至应用失败。

在发酵床应用实践中，经常遇到的异常情况有以下12种。

（一）不启动

如果新启用的发酵床垫料中间发酵层没有明显升温，就说明没酵床没有启动。应对方法参见"发酵床的启动"部分。

（二）淹死

淹死是指发酵床垫料中猛然进入大最水分，导致发酵床失去发酵功能的情况。可采取以下措施解决：

（1）先阻断进入发酵床的水源，如维修好供水管和饮水器，同时赶出猪群。

（2）取出部分垫料到猪舍外晾晒到基本干燥，同时在原发酵床垫料中加入新垫料并翻动混合均匀。惊晒的老垫料可按新垫料的使用方法使用。

（3）加大通风强度，以尽快排除水分。

（三）死床

死床就是由于使用维护不当造成发酵床中积存粪尿过多，导致无法继续有效发酵降解粪尿的情况。应采用以下方法解决：赶出猪群，把集中的粪尿挖出，其余垫料视粪尿和水分含量，掺入 1 倍左右（按体积）均匀添加了发酵剂的干垫料原料，发酵 7~10d。待垫料中的粪尿水分很少时，再进猪饲养。

（四）粪尿集中堆积

猪粪尿大量积留在圈舍部分边角区域，其原因是没有及时将其撒开和掩埋。处理方法参见"发酵床的运行和维护"部分。

（五）垫料发黑发臭

一般是由于垫料透气性不好，形成厌氧发酵环境引起，适当翻动垫料、加强圈舍通风是关键。

（六）垫料高温

原因在于环境温度过高和猪舍通风散热不良。通过增加垫料透气性、加大舍内通是关键。

（七）圈舍内有雾

这种情况见于冷天，原因是室内湿度过大、室内外温差大，应对方法是在寒冷天气适度做好舍内保温工作，增开天窗和地窗，排除室内潮气。

（八）闷热

通风不畅，发酵生成的潮热气体不能及时排出造成闷热。增开天窗和地窗，加强通风降温和适当翻动垫料可以消除这种情况。

（九）房顶凝水

这种情况多见于寒冷季节，其原因是圈舍内潮气没有及时排出，遇到较冷的屋顶后凝结。处理方法同上两条。

（十）垫料中有蝇蛆

表面粪尿过于集中，没有及时填埋形成蝇蛆滋生条件。训导猪群分散排便或者人工及时填埋集中的粪尿即可。在夏秋季新铺成的发酵床表面，即使没有明显的粪尿，也可能滋生蝇蛆。这主要是因为新垫料中有适合蝇蛆生长的营养物质。垫料参与发酵后，如果没有粪尿堆积，一般不会再生蝇蛆。在垫料没有全部发酵之前，可在猪饲料中添加药物"蝇蛆净"控制蝇蛆。

（十一）猪皮肤出现红疹

可能是由于垫料中含有过敏成分引起的。应对方法是提前晾晒垫料，特别是气味较重的垫料。如果症状明显，可以用脱敏药物治疗。药物可选用地塞米松（母猪怀孕后期禁用）或扑尔敏、维生素 C 等。

（十二）猪群串圈

猪可以从圈栏下面缝隙中钻到相邻圈格中，其原因是垫料厚度下降后，圈栏与垫料之间出现明显的缝隙。解决方法是圈栏要适当深入垫料表层中，使垫出现下降后不再出现空隙。

四、垫料状态对发酵效果和猪群的影响

（一）发酵床的最佳状态

垫料颜色基本保持原有色泽，或稍有加深，呈不同程度的黄褐色。垫料表面虚软、松散，上层或中上层垫料稍有湿润，手用力握垫料不黏结，手松开后垫料基本回复松散状，下层或中下层垫料保持原有的干燥状态，表面垫料基本干燥。

在这种状态下，新鲜垫料比例高，垫料中支持发酵的营养充足，透气性能和水分含量适宜，发酵粪尿的效率最高。翻开发酵垫料温度较高，发酵垫料中有明显的氨气，并掺杂其他发酵气味，但没有臭味。如果粪尿与垫料的比例适合，发酵温度可以达到60℃左右，甚至更高。这种垫料状态中，有益的发酵菌群占据绝对优势，圈舍物理环境和微生态环境对猪最有利（当然，天气炎热时发酵产热是不利因素）。这是干撒式发酵床最好的状态，使用效果最理想。

这种情况下，只要对垫料采取一般的管理措施即可。

（二）垫料较新，但明显板结

垫料颜色基本保持原有色泽，或稍有加深，呈不同程度的黄褐色。上层或中上层垫料稍有湿润，下层或中下层垫料保持原有的干燥状态，表面垫料基本干燥。这种状态说明新鲜垫料比例高。上中层垫料压实、板结。

由于发酵层垫料透气性能差，不能给垫料发酵提供足够的氧气，也不能及时排放发酵生成的废气和水汽，会严重制约发酵率。翻开发酵垫料温度只会略高甚至等同于圈舍气温，发酵垫料中没有明显生成的氨气，也没有明显臭味。这种垫料状态中，虽然有益的发酵菌群暂时占据相对优势，但有害的腐败菌群同时滋长，如果不及时改变这种状态，由于垫料对粪尿的发酵效率降低，粪尿逐步积累，发酵床的使用效果将越来越差，甚至会对猪造成明显的不适，影响健康和生长。

应对措施：只要及时翻倒垫料、均匀翻埋粪尿就能使发酵床达到理想的效果。

（三）垫料较新，但水分过多

垫料颜色基本保持原有色泽，或稍有加深，呈不同程度的黄褐色，上层或中上层垫料甚至到下层过于湿润，手用力握垫料黏结成团，甚至滴水。这说明垫料中含水比例过高。

这时垫料压实，透气性很差，给垫料发酵提供的氧气很少，也不能使发酵层的热量积累，发酵的条件基本丧失。翻开垫料温度等同于圈舍气温，发酵垫料中没有明显生成的氨气，也没有明显臭味。这种状态下，有害的腐败菌群会较快滋长。如果不迅速改变这种状态，整个发酵床会达到死床状态，严重影响猪群的健康和生长。

补救措施：如果只是局部垫料过湿，只要采取湿垫料与周围或下层干垫料掺和翻倒，促进发酵产热蒸发水分，必要时另外添加完全干燥的新垫料，加大圈舍通风排湿强度等措施就能快速解决问题。如果湿垫料过多，采取上述措施不足以解决，应同时挖出部分最湿垫料晾晒、减少养猪密度甚至完全赶出猪群让发酵床休整几天再用，在实行以上措施的同时要找出并排除造成湿料过湿的原因。

（四）垫料颜色呈黄褐色或褐色

垫料颜色比原有色泽显著加深，呈较重的黄褐色或褐色。垫料表面虚软、松散，但垫料质地不再保持原有的坚韧度，而是略有粉化、易碎。中上层垫料稍有湿润，下层垫料保持原有的干燥状态，表面垫料基本干燥。

在这种状态下，垫料中支持发酵的营养消耗较多，虽然透气性能和水分含量适宜，但发酵粪尿的效率会降低。翻开发酵垫料温度较高，发酵垫料中有明显的氨气，并夹杂其他发酵气味，但没有臭味。即使粪尿与垫料的比例适合，发酵温度也只能达到 40～50℃。在这种状态中，有益的发酵菌群占据优势，发酵床的使用效果基本现想。

在此状态下，应及时添加新鲜垫料。添加新垫料后，使用效果能够达到最佳状态。

（五）垫料颜色呈褐色或黑褐色

垫料颜色加深，呈褐色或黑褐色。垫料表明虚软、松散，但垫料质地显著粉化、易碎，垫料中粉质较多。上中层垫料稍有湿润，下层垫料保持原有的干燥状态，表面垫料基本干燥。

在这种状态下，垫料中支持发酵的营养大部分被消耗，发酵粪尿的效率低。发酵床的功能与理想状态差距较大。这种状态下饲养小猪可能会影响小猪健康，如饲养大猪则会因发酵能力降低而积留粪尿。

这时，应清理部分严重粉化的垫料，并添加足量新鲜垫料。添加新鲜垫料后，使效果还能够接近最佳状态。

（六）泥床状态

垫料呈黑色泥状，略有臭气，但一般没有恶臭气味。翻开垫料不再有明显积温，几乎没有发酵迹象。形成的原因是由于猪的密度过高，以及翻到垫料和翻埋粪尿工作不到位，引起粪尿严重积存。这实际上是一种坏床状态，不但不能发挥发酵床的优势，而且可能造成对猪的伤害，容易引发疫病。

应对措施：转出猪群，清理出泥状垫料。将剩余含粪尿较少的垫料充分翻倒发酵，使大部分粪尿降解排除。再添加适量新鲜垫料（按比例加菌种），并与老垫料略加翻倒，即可再次进猪饲养。

（七）垫料黑硬

这是由于发酵床用坏导致泥床状态后，停歇养猪，垫料中的水份晾干而形成的。

应对措施：将黑硬垫料挖出（也可保留），适当添加新垫料和菌种后再养猪，最好饲养小猪。

（八）垫料内埋藏粪坨

这种情况表现为表面垫料比较松散，但挖开发酵层后发现埋藏大量粪块。虽然没有明显恶臭，但粪块没有明显被发酵降解，没有明显积温。这时发酵床的发酵作用明显减弱，如不纠正，时间长就会造成坏床。这种状态下如果饲养小猪，可能会因为粪块中滋生有害菌和毒害物质而影响猪的健康。

应对措施：如果存留粪块的量不大，可将粪块挖开打碎，与垫料掺和后翻埋，通过发酵降解掉。若存留粪块量大，就必须清理出大部分粪块，再充分翻倒垫料，提高发酵效率，避免粪尿继续存留。

第十一章

生态养猪200问

1. 怎样通过生态养猪赚钱？

作为一个养猪户，我们无法改变市场行情，只能改善自己，提高生产效率。其实在养猪过程中主要抓以下3点：①高猪的养殖技术水平；②注重"保健"；③突出一个"壮"字。这三点是养猪成功的三大法宝。

2. 养猪要如何提高经济效益？

为什么有些农户养猪效益不高，大致有这几个方面的原因：①猪的品种差、混杂，良莠不齐，耗料多，成本高；②饲料配合不全，营养不平衡；③保健工作不到位，断奶前后仔猪死亡率高；④不核算、不计成本，生产盲目性；⑤埋头养猪，不问市场，养大猪、憋猪；⑥不做生产记录，无法分析和发现养猪成本构成中的问题。

3. 养猪不再是一个人的事，这个时代需要合作才能养好猪！与谁合作？

目前猪的养殖不赚钱的主要原因不在于市场，而在于缺乏科学的管理和技术指导，致使猪长的慢、饲料转化率低、发病多、饲养成本高。而且现在养猪户很多都存在技术落后、技术指导不足的问题。饲料是养猪最大的成本，建议与专业生产猪料饲料厂合作。因为他们有大量的养猪专家，从猪场改造、疫苗程序制定、药物保健程序制定、饲料配方等多方面可以进行指导。

4. 提高经济效益的途径有什么？

主要有：①提高技术水平，实现科学养猪；②改进经营管理，挖掘生产潜力，提高养猪效益；③降低生产成本，改进管理；④缩短生产周期，增加出栏批次；⑤综合加工，自产自销，自繁自养商品仔猪。

5. 养猪投资太大了，养不起？

在农村养猪少了赚不了多少钱，而要想扩大规模，就要面临资金困惑和不得不说的养殖风险。所以，一切都要从实际出发，量力而行。在猪场硬件建设方面主张简易，只要保暖通风就好。前期可以养母猪，出售仔猪，逐步自繁自养，稳扎稳打，最主要的是要加强自身养猪技术的学习，在本行业工作，要学本行业知识。

6. 什么是杜长大或杜大长三元猪？

7. 以猪的后臀发育大小作为选购种母猪的标准，这样好不好？

后臀太大的母猪，不易发情，配种困难，容易发生难产，往往背部下凹，变形，淘汰率高。而且这样的母猪一般泌乳力差，影响小猪的断奶重和成活率。因此，饲养户在购买种猪时，不要光注重体形，更要侧重于母性特征，要特别关心与繁殖性能有关的体型外貌，如四肢粗壮结实，第二性征，如奶头、外阴部、体躯结构的匀称等，而不应过度关注后躯发育大小。

8. 在引种时挑选母猪是不是越大越好？

很多人在引种时愿意挑选体重大的母猪，认为回来就可以用，实际这样不好。①体重大的母猪一般都是别人挑剩的，选择余地小；②后备母猪要用母猪料，有些不太规范的种猪场，为了追求生长速度，使用育肥猪料，满足不了后备母猪的营养需求，里面的一些促生长成分会损害生殖系统的发育；③后备母猪回来后需要隔离，并适应环境，还要做驱虫，疫苗注射，这些工作都需要时间。

9. 杜洛克猪做母猪好不好？

不好，除了种猪场一般不会留杜洛克猪做母本，因为繁殖性能差，产仔数低，泌乳力差。

10. 怎样挑选种公猪？

选择种公猪的标准有：①应选择来自种猪场、有档案记录，经过选育、生长速度快、饲料利用率高的优良公猪；②公猪外表特征要符合品种要求：四肢强壮，结实，胸宽深，背腰部长而平直、宽阔，腹部紧凑，不松弛下垂。后躯肌肉丰满，睾丸发育良好，两侧对称一致，无单睾、隐睾或疝气；③性欲旺盛。

11. 如何选择猪场场址？

①地形地势：猪场一般要求地形整齐开阔，地势较高、干燥、平坦或有缓坡，背风向

阳；②交通便利：猪场必须选在交通便利的地方。但因猪场的防疫需要和对周围环境的污染，又不可太靠近主要交通干道；③水源水质：猪场水源要求水量充足，水质良好，便于取用和进行卫生防护。

12. 猪场各阶段猪舍怎样排列?

综合考虑疾病的传播风险和转群运输的方便，从上风向开始，依次是妊娠配种舍、产仔舍、保育舍、生长育肥舍。

13. 怎样计算猪舍的占地面积?

生产区面积一般可按每头繁殖母猪 $40 \sim 50m^2$，建筑面积按每头繁殖母猪 $20m^2$ 左右。

14. 限位栏饲养方式的优点和缺点有哪些?

优点：①节约土地，减少猪舍建筑面积；②方便操作，提高管理水平；③便于观察母猪发情，适时输精配种；④避免互相干扰，减少机械性流产。

缺点：①缺乏运动引起的伤害，富贵病增多，猪群体质退化、抗病力下降；②肢蹄病明显增多；③生产母猪使用年限缩短；④分娩时间延长和胎衣不下情况比较突出，子宫炎发病率较高；⑤母猪无乳综合症时有发生；⑥限位栏对母猪的行为与心理的伤害。

15. 使用产床有什么好处?

①分栏设计，杜绝了小猪被母猪压死、踩死；②由于母猪、小猪不接触地面而有效地减少各种疾病的发生，尤其是母猪的生殖系统疾病和小猪的腹泻。

16. 产床和单体限位栏的尺寸是多少?

单栏长 2.2m，宽 1.8m。中间为母猪栏，高 1.1m，宽 0.65m。母猪栏两侧为仔猪活动区，栏高 0.5m，宽 0.45m。为节省使用面积，设计时以两栏为一单元，中间留有保温箱位置，宽 0.6m。限位栏，长 2.1m，宽 0.65m，高 1m。

17. 怎样防止冬季饮水系统冻结?

水桶要用要用保温材料包裹，水管深埋地下。

18. 小猪的适宜温度是多少?

一般要求前三天保持在 32℃ 以上，第一周保持在 30℃ 以上，以后每周下降 $2 \sim 3$℃，断奶前后，免疫前后，疾病期间，大风降温天气可适当提高温度。温度计应放置在离猪背稍高的位置。猪的实际感知温度受猪舍湿度、风速、地面结构等多方面因素影响，所以应结合猪群的实际表现来判定温度是否适合。

19. 怎样通过小猪的表现来判断保温箱温度是否合适?

当我们检查保温箱仔猪时,如果发现仔猪挤在一起,是过冷;如果仔猪不愿进箱,或是在箱内躲避热源,或是在保温箱口封闭时仔猪头部向着有冷空气进入的箱口或边缘,则是过热的现象。所以哺乳仔猪的温度是否适宜,既要看箱内温度,更要检查仔猪状态。

20. 保温箱下铺垫草管用吗?

不管用,小猪在里面一动垫草就被扒开了,小猪接触的还是水泥地面,很凉。应使用电热板或者木板上铺麻袋。

21. 为什么部分散户到冬天就反映教槽料诱食性不好?

主要是温度问题,无保温箱,小猪太冷,挤在一起不愿动,或者有保温箱,但母猪圈温度太低,造成里外温差太大,小猪出来吃奶后马上又进去,没有时间去找饲料吃。

22. 猪舍太潮湿了有什么危害?

夏天形成高温高湿,冬天猪感受更加寒冷,影响生长和降低饲料报酬,抗病力下降。潮湿的条件下,病原微生物容易大量繁殖,猪容易发病。

23. 怎样解决猪舍地面潮湿问题?

①地面设计要有一定坡度,不要有坑洼的地方;②让猪养成定点排粪尿的习惯;③饮水系统压力合适,不要太大,也不能太小(太小影响饮水量),饮水器高度适宜;④抬高产床。对于产房和保育舍要控制用水,减少冲圈次数;⑤加强通风,另外用风扇可降低湿度。

24. 通风不良会有什么危害?

①猪舍内氧气相对较少,造成猪只生长缓慢,抗病力下降;②有害气体,尤其是氨气,会对猪呼吸道粘膜造成损伤,容易发生呼吸道疾病。

25. 影响通风的因素有哪些?

①温差的大小:温差大,则通风量大,温差小,则通风量小;②风力的大小:风力大,则通风量大,风力小,则通风量小;③通风口的大小:通风口大,则通风量大,通风口小,则通风量小;④遮拦物的影响:风遇到阻力,会改变方向,通风量会受到影响,遮拦物越多,通风量越小。

26. 夏天通风与冬天通风有什么不同?

根据冷风下移,热风向上的原理,夏季通风时以下边窗户进风较好,使猪的凉爽感觉更明显；而冬季进风口则要高一些，冷空气进猪舍后，需要与猪舍的热空气混合后再到猪身上，避免了冷空气对猪的影响。

27. 冬季清粪是在上午好还是中午好？

因为清粪时会散发许多有害气体，上午舍外温度低，不能开窗。冬季猪舍清粪时间要安排在舍内外温差变小的接近中午的时段，而且要先开窗通风，然后再开始清粪，这也是因为通风需要一个由小到大开窗的过程。

28. 喷雾消毒中消毒水的用量以多少为宜？

当看到喷雾过后地面和墙壁已经变干时，那就是说消毒剂量一定不够；一般情况下，喷雾消毒后一分钟之内地面不能干，墙壁要流下水来，以表明消毒效果。

29. 紫外线灯消毒好不好？

由于紫外线灯穿透能力弱，作用距离有限，在实际中起的消毒作用是有限的，尤其对鞋底起不到消毒作用，而且对人体皮肤有伤害。所以，进入猪场最好是更衣换鞋。如要用紫外线灯消毒，在消毒室里最好在不同的角度多放几个，下面最好有脚踩的消毒池。

30. 消毒剂用量不准确有什么危害？

浓度太大会造成浪费，而且还可能猪的皮肤粘膜造成损伤。浓度太小，起不到应有的消毒效果，时间一长还容易产生耐药性。

为什么在没有水参与的情况下生石灰无法产生消毒作用？

生石灰主要成份上氧化钙，必须要和水反应生成氢氧化钙才具有消毒作用。所以，很多人喜欢用鞋底踩踏生石灰消毒，在地面比较干燥没有水的情况下，这是起不到作用的。有人用生石灰撒在猪舍地面，认为既能干燥地面又能消毒，这样也很不好，生石灰与地面上的水反应生成氢氧化钙，会对猪的皮肤，粘膜造成严重的损伤。

32. 如何减少猪舍里的苍蝇？

①料中添加药物：环丙氨嗪；②粪便密封发酵杀死虫卵；③死水中下药控制产生蚊子虫卵；④减少饲料浪费；⑤纱网；⑥点蚊香；⑦灭蚊灯。

33. 怎样按猪的体重计算每天采食量？

一般60斤以前按体重的5.5%~4.8%计算，120斤时按体重的3.8%计算，200斤时按体重的3%计算，其他体重段按体重递减所占体重百分比也递减，如60斤时4.8%，80斤时大约是4.4%，100斤时大约是4.1%。

34. 不腹泻的乳猪料就一定是好料吗？

不一定，从饲料的角度控制腹泻有两种方法：采用一些高档的功能性原料（如血浆蛋白粉，乳清粉等）来控制腹泻，另一种办法是采用一些常规的普通原料，再往料中添加大量控制腹泻的药物，这种办法是以牺牲小猪生长为代价的。所以，一种好的乳猪料既要适口性好，能控制好小猪腹泻，又能保证小猪快速生长。

35. 能让猪采食量大的料就一定是好料吗？

不一定，猪超过100斤后，胃肠道已充分发育完全，具有自己调节采食量的能力，在保证同样的生长速度下，给它好的料，采食量就相对小，给它差的料，采食量就大。多吃就意味着饲料料成本增加。

36. 猪常用量饲料有哪些？具有什么特点？

能量饲料指在干物质中粗纤维低于18%，粗蛋白低于20%的饲料，包括谷物籽实类、糠麸类、淀粉质的块根、块茎、瓜果和其他类（糖蜜、油脂、乳清等）。常用能量饲料有玉米、小麦、小麦麸、米糠等，共同特点是能值较高，蛋白质含量低，且氨基酸不平衡。此类物质不能单独喂猪，需和蛋白质饲料等配合使用。

37. 玉米使用中应注意什么问题？

淀粉，脂肪含量高，因而能值高，粗蛋白低且氨基酸不平衡，不饱和脂肪酸高。易被霉菌污染，破碎五米脂肪易氧化酸败，应注意将玉米水分含量控制在13%~14%以下及保证粒的完整性。

38. 玉米膨化有什么作用？

玉米淀粉颗粒膨胀并糊精化，淀粉分子链被打开，增加了食糜颗粒的表面积，提高了消化率，并且具有特殊香味，能明显改善适口性。膨化过程中，在高温、高压作用下，沙门氏菌、大肠杆菌等有害菌全部杀死，从而降低了畜禽疾病的发生率。过敏性低，消化率高，减轻因抗性因子所造成的腹泻。

39. 怎样鉴别霉玉米？

①发霉后的玉米表现玉米皮特别容易分离；②观察胚芽，玉米胚芽内部有较大的黑色或深灰色区域为发霉的玉米，在底部有一小点黑色为优质的玉米；③在口感上，好玉米越吃越甜，霉玉米放在口中咀嚼味道是很苦的；④在饱满度上，霉玉米比重低，籽粒不饱满，取一把放在水中有漂浮的颗粒。

40. 霉菌毒素对猪有哪些影响？

①呕吐、拒食、生长受阻、饲料利用率下降；②小母猪假发情；③阴道脱垂、脱肛；④流产、死胎、假孕、不发情；⑤母猪无乳；⑥损伤肾脏，造成口渴、尿频；⑦损伤肝脏，黄疸；⑧免疫抑制，对疾病抵抗力下降，对疫苗免疫应答能力下降。

41. 小麦麸使用中应注意什么问题?

粗纤维含量高，能值低，质地疏松，具有倾泻作用，可减缓母猪便秘，但仔猪喂食过多易引起腹泻。易氧化变质，不宜贮存。

42. 怎样鉴别麸皮掺假?

麸皮是常用的原料，但掺假现象也比较严重，常掺有滑石粉、稻糠等。这种情况的鉴定，可以手插入麸皮中抽出，如手上粘有白色粉末且不易抖下则证明掺有滑石粉；容易抖落的为残余面粉，再用手抓把麸皮使劲握，如果麸皮成团为纯正麸皮，而握时手有涨的感觉，则掺有稻糠；如搓在手心有较滑的感觉，则有滑石粉。

43. 米糠使用中应注意什么问题?

分为全脂米糠、脱脂米糠和粗糠，纤维含量高，赖氨酸含量低，精氨酸含量高。米糠含胰蛋白酶抑制因子；需加热除去。全脂米糠不饱和脂肪含量高，不耐贮存，对猪适口性不好，猪饲用全脂米糠会软化脂肪，降低肉品质；仔猪饲用易引起下痢；脱脂米糠脂肪含量低，其他成分与全脂米糠基本相同，对猪的适口性好于全脂米糠；粗糠脂肪几乎没有利用价值，多用做填充物。为避免能量不足，应限量使用米糠。

44. 猪常用蛋白饲料有哪些?

蛋白质饲料指在干物质中粗纤维低于18%，粗蛋白高于20%的饲料，包括豆类、油籽饼粕、鱼粉等。根据来源不同可分为植物蛋白质饲料、动物蛋白质饲料以及单细胞蛋白质饲料。分为植物性和动物性蛋白饲料，常用植物性蛋白饲料包括豆粕、棉粕、菜粕、花生粕；常用动物蛋白饲料包括鱼粉。乳制品等。

45. 豆粕具有什么特点? 使用中应注意什众问题?

是一种比较理想的植物性蛋白原料，除蛋氨酸含量略高外，氨基酸较平衡豆粕的加热程度影响其品质，加热不足含有抗胰蛋白酶。大豆凝集素等抗营养因子；加热过度会影响氨基酸的有效利用。豆粕中因含有寡糖，仔猪采食太多会引起下痢，一般含量应限制在20%以下。

46. 在生产豆粕的过程过温度过高过低会对质量产生什么影响?

温度过低，过生的豆粕里面抗营养因子含量高，影响猪的消化吸收。温度过高，过熟的豆粕氨基酸损失，影响到营养价值。

47. 怎样鉴别豆粕掺假?

最常的有掺泥沙、石粉或碎玉米，其常用的鉴别方法有:

①水浸法：取需要检验的豆粕（饼）25g 放入盛有 250mL 水的玻璃杯中浸泡 2~3h，然后用棒轻轻搅动，可看出豆粕（碎饼）与泥沙分层，上层为饼粕，下层为泥沙；②碘酒鉴别法：取少许豆粕（饼）放在干净的瓷盘中，铺薄铺平，在其上面滴几滴碘酒，约 1min 后，其中若有物质变成蓝黑色，则说明掺有玉米、麸皮、稻壳等；③掺入石粉的鉴别。取少量豆粕样品放于玻璃杯中，加白醋于样品上，如果有大量气泡产生，则样品中掺有石粉。

48. 为什么种猪饲料中不添加棉籽粕、菜籽粕?

棉籽粕中含有游离和结合的两种棉籽油酚，前一种棉酚是一种细胞、血液、血管和神经性毒物，可造成母猪流产、公猪不育，猪出现痉挛、共济失调、步态不稳、下痢、血便、视力障碍等症状。棉籽粕的蛋白质含量较高，但其赖氨酸含量较低，饲喂棉籽粕还易引起便秘。菜籽粕中含有芥子甙，在芥子酶作用下，可水解产生有毒物质异硫氰酸丙烯脂，若不经去毒处理，具有强烈的穿透性和刺激作用，可使妊娠母猪发生流产，有时产弱仔及无毛仔猪，有的蹄部发凉、四肢无力、站立不稳、心力衰竭、腹痛、腹泻、咳嗽、呼吸困难，重症者虚脱而死。另外菜籽粕中还含有芥酸和单宁，前者可造成脂肪在心脏蓄积，抑制生长，后者则影响适口性和营养物质消化。

49. 日粮中蛋白质含量越高越好吗?

虽然蛋白质是猪生长发良不可缺少的营养素，但并不是饲料中蛋白质含量越高越好，蛋白质含量与能量等营养素平衡才能发挥其应有的作用。片面提高饲料中蛋白质含量，而不注重能量和氨基酸的合理搭配，多余的蛋白质会首先转化为能造成浪费；多余蛋白质代谢会使猪的体热增高，猪舍中氨气含量升高，给猪的生长造成不良影响。另外，如果饲料中蛋白质来源于羽毛粉。非蛋白氨等原料，蛋白质含量高不仅不能提高猪的生长效果，并且还会引起幼小动物拉稀，这也是饲料中蛋白质水平相同价格不同的原因之一，因此，并不是饲料中蛋白质含量越高越好。

50. 猪采食饲料后皮红毛亮能说明饲料的效果好吗?

养猪户使用饲料的目的在于提高养殖效益，降低饲养成本，而不是把猪饲养成为观赏动物。猪皮肤颜色是由品种决定的，饲料对猪皮肤颜色的影响主要是因为添加有机胂制剂，增加血管扩张。促进血液循环而使肤色变红，此物质会造成水源、土壤污染，在肉中残留后会对人健康造成影响，这是国家不允许的。因此，养殖户应根据呼的生长效果、饲料转化率等方面对饲料质量做出合理平价。

51. 猪粪便越黑说明饲料消化的越好吗?

许多养殖户认为粪便黑饲料消化好，粪便黄饲料消化差，其实衡量饲料消化率的标志不在粪的颜色，而在于饲料转化率，同时，保持粪便正常颜色对疾病诊断具有重要作用。

粪便颜色黑是因为饲料中添加高铜，消化吸收不了的硫酸铜经过一系列变化成为黑色的氧化铜。从而使粪便变黑。在仔猪阶段添定量的铜具有促生长效果，但在生长肥育阶段铜已没有作用。

52. 香味饲料能提高猪的采食量吗？

猪的嗅觉对任何气味都敏感，但很难说出哪一种气味更能刺激猪的采食，因为猪既采食香味饲料，同时在北方猪舍和茅坑相连的圈舍内，猪也吃人的粪便。要想通过改善饲料的适口性提高猪的采食量，关键还在于采用优质原料，提高饲料的品质，而不是在饲料中添加香味素，因此，不能认为饲料味香猪的采食量就能提高。

53. 开食仔猪对大豆粕敏感吗？

生大豆或加工不良的大豆粕中含有一种蛋白质（β-凝集素），在胃肠道中可以作为一种抗原刺激免疫系统。与成年动物相比，幼龄动物对这种蛋白的敏感性更高。向开食料中添加血浆蛋白粉和乳糖可以降低豆粕中抗原的小良影响。

54. 公猪能饲喂抗生素吗？

可以给公猪日粮中添加抗生素，但添加水平应较低。除非兽医推荐，不应在公猪日粮中使用治疗水平的抗生素。

55. 怎样处理猪采食量低？

①必须首先知道猪各阶段的适合采食量是多少；②判断猪是否存在疾病（体温、精神状态、皮肤颜色、粪便，尿，有无食欲等）；③检查玉米、麸皮有无发霉变质问题；④是否按配比使用；⑤环境和管理是否存在问题（温度、通风、水、换料是否有过渡）；⑥添加某些药物会导致猪采食量下降；⑦必要时进行饲喂试验。

56. 怎样去判断饲料质量的优劣？

①生长速度；②料肉比；③抗病力；④肉质；⑤质量的稳定性。

57. 母猪是不是窝产仔数越多越好？

不是，优良品种的猪，最好是在 12 头左右比较好，产仔数太多会影响到小猪成活率，而且小猪的生长发育不会太好，出栏时生产成绩也不会好。

58. 仔猪出生后几日龄自身产生免疫抗体？

仔猪出生后，10 日龄开始自身产生免疫抗体，5~6 周龄时，才能达到较高水平，5~6 月龄时达到成年水平，因此，2~5 周龄这一阶段是仔猪最易患病的时期。

59. 仔猪母乳喂养为什么要固定乳头？

母猪乳房的构造和特性与其他家畜不同，各个乳房由 2~3 个乳腺团组成，没有乳池贮存乳汁，各乳房互不相通，自成一个功能单位。猪乳的分泌除分娩后 2~3d 是连续的以外，以后则定期排放，一般每隔 40~60min 放乳一次，每次放乳时间 10~20s。仔猪体重轻，弱的放在前面的乳头哺乳，因为仔猪哺乳位置的不同其增重也有差异。

60. 为什么要寄养仔猪？

在猪场同期有一定数量母猪产仔的情况下，将多产或无乳吃的仔猪寄养给产仔少的母猪，是提高成活率的有效措施之一。当母猪产仔头数过少时需要并窝合养，以使部分母猪尽早发情配种。

61. 仔猪寄养时要注意哪些几方面的问题？

①母猪产期接近，实行寄养时，仔猪日龄最好不要超过 3d；②被寄养的仔猪要尽量吃到初乳，以提高成活率；③寄母必须是泌乳量高，性情温顺、哺育性能好的母猪，只有这样的母猪才能哺育好多头仔猪；④注意寄养乳猪的气味，猪的嗅觉特别灵敏，母子相认主要靠嗅觉来识别。

62. 断奶仔猪会产生哪些改变？

仔猪断奶是继出生以来又一次强烈的刺激。一是营养的改变，由吃温热的液体母乳为主改为吃固体的生干饲料；二是由依附母猪的生活变成完全独立的生活；三是生活环境也发生了变化，由产房转移到仔猪舍，并伴随重新编群；四是易受病原微生物感染而患病。

63. 断奶仔猪如何进行饲料过度？

饲料过渡就是仔猪断奶 10d 内保持饲喂环山 920/8550 高档仔猪教槽料不变，10d 以逐渐过渡到饲喂环山 8551 保育猪饲料，以减轻应激反应。饲喂方法的过渡指仔猪断奶后 3~5d 最好限量饲喂，平均日采食 160g，5d 以后实行自由采食。

64. 断奶仔猪如何进行环境过度？

仔猪断奶后头几天很不安定，经常嘶叫寻找"妈妈"，为减轻应激，最好在原圈原窝饲养一段时间，待仔猪适应后再转入仔猪培育舍。断奶仔猪转群时一般采取原窝培育，即将原窝仔猪（剔除个别发育不良的个体）转入仔猪培育舍，关入同一栏内饲养，如果原窝仔猪过多或过少时，需要重新分群，可按体重大小，强弱进行分群分栏，同栏每头仔猪体重差异为 1~2kg。每群的头数，视圈舍面积的大小而定，一般可 4~6 头或 10~12 头一圈。

65. 哪些原因可能导致猪咬耳咬尾？

凡是使猪不舒服的因素都可能造成咬耳、咬尾。常见原因：①营养缺乏（饲料本身质量、配比、寄生虫、腹泻等慢性消耗性疾病）；②环境和管理（温度，湿度，密度，通风，光照、饥饿、料槽位置不够，缺水，惊吓、断奶、转群、混群等应激）；③品种差异、个体差异；④皮炎搔痒（最常见的为疥螨、虱子）以及伤口出血；⑤无聊的环境。解决办法：找出原因并改善，隔离、电解多维、镇静剂。

66. 哪些原因可引起猪脱肛?

①应激：注射捕捉、打架、剧烈运动等；②长期腹泻和便秘；③剧烈咳嗽；④密度太大或温度在低造成的挤压；⑤霉菌毒素；⑥长期大剂量使用一些药物（如泰乐菌素、林可霉素等）；⑦断尾过长；⑧一些细菌，病毒、寄生虫引起直肠发炎；⑨遗传因素。

67. 母猪出现蹄裂的常见原因有哪些?

①遗传，外来品种更易出现；②地面太粗糙，不平整，或新猪舍易出现（场面碱性）；③地面潮湿，卫生差；④使用腐蚀性强的消毒剂；⑤猪体重过大；⑥气候干燥；⑦饲料中生物素、锌缺乏。

68. 肌肉注射时怎样选择针头的大小?

一般母猪用16号针头，30kg一出栏用12~16号针头，5~30kg用7~12号针头，5kg以内用7号针头。

69. 母猪乏情如何处理?

断奶后对于乏情、异常发情和反复发情的母猪要给予更多的关注，可采用公猪诱情、应激法刺激发情和药物催情。

①给不发情的母猪肌注孕马血清促性腺激素（PMSG）1000~1500IU，发情后配合肌注绒毛膜促性腺激素（HCG）500~1000IU；②用乙烯雌酚按每头2毫升的剂量给不发情母猪注射，并在配种前注射促排卵3号（LRH-A3）的方法促使猪发情、排卵并受孕。若这些措施都不能使母猪发情配种，要尽快淘汰。

70. 母猪分娩时有哪些表现?

母猪分娩前精神兴奋，频频起卧，阴户肿大、乳房膨胀发亮。当阴户流出少量粘液及所有乳头均能挤出较浓的乳汁时，母猪即将分娩。

71. 母猪难产如何处理?

母猪正常分娩是每隔10~30min产下一头仔猪，需2.5~5h产完。如果母猪用力胎衣却还没排出，间隔超过1h没有胎儿产出时，便为难产。此时可小心让母猪站起设法把侧卧位置变换一下，如果无效，就需用消毒过的手缓缓伸进产道帮助拉出仔猪。若阴道空虚，子宫颈口开张时，可肌肉注射催产素1mL（10国际单位），过1~2h仍无猪产出，再注射 1 支，如果还无效，可考虑剖腹产的办法。产仔结束后对助过产的母猪应注射抗生素和消炎药物。

72. 母猪过预产期不产怎么办?

给母猪注射氯前列烯醇（前列腺素）可使其在 24~36h 内分娩，一方面可调整注射时间让其白天分娩产仔，另一方面也可利用该药物催生过预产期不产的母猪，使其按期分娩。

73. 母猪产后用催产素有何妙用?

母猪产后使用催产素可促进子宫平滑肌收缩、恶露尽早排出。同时小剂量的催产素还有催奶作用。

74. 母猪出现产后热、高烧、不食怎么办?

肌肉注射鱼腥草注射液，1~2 次/d，连续 3~5d；也可用青、链霉素、四环素、土霉素等抗菌药物抑菌消炎。

75. 母猪的产后泌乳障碍综合症常发生于什么时间?

母猪产后泌乳障碍综合征常发生在母猪产后一周之内，主要发生于高温潮湿季节，尤其是 6~9 月份。有些病例可见明显的乳腺炎临床症状，有些却无明显症状，而是亚临床感染。

76. 母猪的产后泌乳障碍综合症如何治疗?

一旦发现乳腺炎或无乳，应尽快连续 3~5d 注射抗菌素治疗。如阿莫西林 5g/头母猪在一侧颈部，磺胺+磺胺增效剂 TMP（2.5g/头母猪）在另一侧颈部注射。此外，对机能紊乱引起的无乳，肌注催产素 30~40 个单位（IU）配合温敷和按摩乳房，可隔 1h 再注射一次，最好用药前 1h 隔离仔猪，用药后 15min 再解除隔离，增加仔猪的吮乳刺激，也可用催乳中药如王不留行、穿山甲等进行治疗。

77. 母猪产后子宫脱出怎么办?

母猪子宫脱出后，应及时给猪静脉注射 1~2L 生理盐水，然后用凉水冲洗脱出的子宫，使其收缩变小，用手（戴手套）涂上一些润滑剂，将子宫慢慢送入，然后手缓缓出来，用针在阴户两侧缝上两个塑料管，轻度闭合阴门，使子宫不能再次脱出来，同时给母猪连续注射 3d 抗菌素。

78. 母猪产仔大小相差较大是何原因?

①母猪年龄偏大；②胚胎过多，后期饲料营养摄入不足，使胎儿个体发育不一致；③营养不足是主要因素；④疾病影响。

79. 初产母猪产仔率低是什么原因?

①猪配种年龄、体重偏小;②配种时间掌握不恰当,偏早或偏晚;③配种后环境温度高、应激大;④配种后饲料量供给过多,使部分受精卵死亡;⑤配种前感染细小病毒、伪狂犬病等也有可能造成产仔率低。

80. 母猪子宫内膜炎、阴道炎与膀胱炎的区别?

子宫内膜炎,通常是子宫粘膜的粘液性或脓性炎症。由于炎症所产生有毒物质可致死精子和胚胎,而易导致母猪不孕。其病因通常是在配种、分娩及难产助产时,由于细菌的侵入而感染。子宫粘膜的损伤及母猪机体抵抗力降低,是促使本病发生的重要因素。此外,阴道炎、子宫脱出、胎衣不下,都可继发子宫内膜炎。

81. 急性子宫炎有哪些表现?

急性子宫内膜炎,多发生于产后及流产后,表现为粘液性及粘液脓性,母猪体温稍升高,食欲减少,有时出现弓腰、努责及排尿姿势,从生殖道排出灰白色混浊含有絮状物的分泌物或脓性分泌物。患猪卧下时排出较多。

82. 慢性子宫炎有哪些表现?

基本症状如下:除隐性子宫内膜炎外,其他各型均可见到从阴门常排出炎性分泌物,尾根及阴门常附着炎性分泌物。发情配种情况异常:患隐性子宫内膜炎时,发情正常,但屡配不孕(发情时的子宫分泌物混浊或含有絮状物)。其他各型常表现发情异常,不能受孕。阴道检查:可见子宫颈充血、肿胀、松弛开张,颈口蓄积有炎性分泌物。

83. 如何给患子宫炎的母猪清洗子宫?

为了排出子宫内的炎性渗出物,常用 0.1% 的高锰酸钾、0.02% 新洁尔灭、生理盐水等溶液冲洗子宫。冲洗时,应注意小剂量,反复冲洗,直至冲洗液透明为止,在充分排出冲洗液后,应向子宫内投入抗生素药物。如阿莫西林 5g+5% 盐水 200mL,50mL 每日一次,连续 3d。若子宫颈闭合,可肌注已烯雌酚 8~12mg。

84. 如何预防母猪子宫炎,尿道炎发生?

配种前一定要保证公、母猪外生殖器清洁卫生。配种前、后、分娩前后及干奶期,在饲料中添加抗菌药物预防感染的发生。可用治疗量,一个疗程一周,停 4~6 周,再用一周。抗菌药物如金霉素、阿莫西林、土霉素、磺胺二甲基嘧啶等可选用。饲料中不可长期连续添加磺胺类药物。供给充足、清洁的饮水。加强环境消毒,保证圈舍清洁。限位饲养舍,可设置隔栏,防止尿粪与母猪会阴部接触。

85. 为什么有个别母猪会发生产前或产后瘫痪?

母猪在产前由于胎儿生长迅速，或者产后授乳量大而正常的饲喂量不足或饲料配制比例不协调导致母猪体内钙大量消耗而发生瘫痪。

86. 如何预防和治疗母猪产后瘫痪?

严格按照环山母猪料使用程序和添加比例。后期使用环山哺乳期母猪浓缩料5306或者环山哺乳期全价料507。上述情况将明显减少。治疗时用10%的葡萄糖酸钙注射液50mL，1次（缓慢）静脉注射；维丁胶性钙注射液10mL，1次肌肉注射。

87. 母猪配种后是否喂得越多越好?

通常配种后的30d内，应限制采食，环山妊娠期母猪料5205/506饲喂1.8~2.0kg为宜。配种后立即提高饲喂量，会使母猪产生体热过多而导致胚胎死亡或吸收，降低胚胎的成活率。怀孕后母猪31~85d的采食量，可根据母猪肥瘦体况决定。过瘦的母猪可在每天2kg日粮的基础上增加0.45~0.90kg以保证其良好体况。

88. 经产母猪断奶后个别母猪长期不发情是什么原因?

母猪过瘦。母猪怀孕期间或哺乳期间营养不足（未使用环山专用母猪料），再加上带仔猪头数多，所以断奶时母猪失重较大。母猪养得过肥，卵巢及其他生殖器被脂肪包埋，母猪排卵减少或不排，出现母猪不发情或屡配不孕。母猪生殖器官有炎症，需要消炎。

89. 出现母猪屡配不孕是什么原因?

母猪过肥；公猪精液量少、质差也会造成母猪不孕；母猪生殖器官有病，如母猪子宫或阴道有炎症或其他异常现象都会造成母猪不孕；母猪患有传染性疾病，如伪狂犬病、附红细胞体、蓝耳病（PRRS）等。

90. 为什么有的母猪发情不规则?

有些母猪隐性发情，不易觉察，类似不规则，有些母猪生殖道有炎症甚至卵巢脓肿也表现为天天处于发情状态。可试着消除炎症再配种。

91. 为什么产后健康哺乳母猪有一段时间有直肠温度升高现象?

母猪产后泌乳引起母猪发生代谢性变化，机体产热增加，由于猪出汗散热的能力较差等因素，母猪不能排出这些过多的热量，故健康哺乳母猪在产后有一段时间直肠温度高于39.5℃，这是一种生理性现象、并非病理性高热。若其所产仔猪生长速度较快，死亡率较低，就不能认为母猪发生了产后泌乳障碍综合征（PPDS）。

92. 催产素能诱发产后母猪放奶吗?

静脉注射小剂量的催产素（10IU）对诱发母猪放奶可获得较好效果。但肌肉注射催产素效果不一，即使肌肉注射大剂量的催产素（50IU）也不一定诱发放奶过程，这可能是由于催产素在肌肉或脂肪中沉淀所致。

93. 断奶的初产母猪应与经产母猪分开饲养吗?

由于初产母猪产后的体况较弱，断奶后与经产母猪混养产生竞争应激，致使初产青年母猪产后不易再发情。所以，断奶的初产母猪要与断奶的经产母猪分开饲养。

94. 在断奶到配种母猪的日粮中添加抗菌药有益吗?

给从断奶到再配的母猪饲喂高水平的抗菌药，可提高母猪产仔数。在妊娠母猪的日粮中，抗菌药的使用没有显示什么好处，故不推荐使用。

95. 母猪淘汰的主要原因是什么?

母猪每年的淘汰率在 30%~40%。母猪淘汰的主要原因有：繁殖失败（断奶后不发情、不能怀孕）、生产性能差（产仔数低、断奶窝重低）、猪蹄和腿出现问题。

96. 为何环境温度对乳猪十分重要?

乳猪大脑皮层体温调节中枢发育不完善，体温调节能力差。皮下脂肪少，被毛稀少，表面体积相对较大，易丢失热量，特别是刚生下时周身又湿，突然从39℃的母体子宫来到母体外，如果乳猪体温受环境温度的影响较大，极易诱发低血糖症，甚至被冻僵、冻死。仔猪腹泻多数与温度有直接关系，母猪的适宜环境温度为 18~20℃，但是初生仔猪的适宜环境温度为 34℃，断奶时为 28℃。

97. 为何让乳猪吃到初乳十分重要?

母猪产后 3d 内分泌的乳汁称为初乳，以后分泌的则称为常乳，初乳与常乳的成分是不同的。仔猪出生后应尽早吃到、吃足初乳，最迟不要超过生后 2h，以从母乳中获得免疫球蛋白增强对疾病的免疫力；初乳酸度较高，含有较多的镁盐（有轻泻作用），能促进胎便排出。新生仔猪的糖元和脂肪储备在 24h 内即被耗尽，初乳中的乳糖、脂肪为仔猪提供能量，提高对寒冷的抵抗能力。初生仔猪若吃不到初乳，则很难育活。

98. 给新生仔猪胃灌注糖液是否有益?

对于任何出生体重的仔猪，产后母猪的护理和初乳的摄取至为关键。出生体重轻的仔猪机体能量储备较少，如果出生后不能获得足够营养，可能发生低血糖症。研究表明，给仔猪胃中灌注葡萄糖，可以提高其成活率，蔗糖等食品糖会引起新生仔猪严重腹泻或死亡，因此不能用作乳猪糖源。而葡萄糖（水解玉米淀粉、右旋糖）是乳猪较好的碳水化合物来源。

99. 哺乳仔猪需要饮水吗？

哺乳仔猪代谢旺盛，同时，母猪乳中含脂率高，可达7%~11%，仔猪常感口渴，哺乳仔猪在出生后1~2d内就开始饮水。一般乳猪第1周龄每天的需水量为190g/kg，包括从母乳中获得的水。若不及时补水，仔猪便会饮用圈内不清洁的水或尿液而易发生下痢。因此，从乳猪出生的第1d起就应提供清洁、新鲜的饮水，尤其是在比较温暖的环境条件下。

100. 为什么要给乳猪补饲？

由于仔猪消化器官发育不健全，导致消化酶分泌不足和消化机能不完善。初生猪胃内仅含有凝乳酶，胃蛋白酶很少，仅为成年猪的1/4~1/3，而且胃底腺不发达，不能制造盐酸，由于缺乏游离盐酸，胃蛋白酶没有活性，不能很好地消化蛋白质，特别是植物性蛋白质。因此，初生仔猪只能吃奶而不能利用植物性饲料。

101. 仔猪阶段使用抗生素有何重要性？

对处于不同类型环境的开食仔猪的研究均表明，日粮中添加抗生素或者抗菌剂能改善仔猪生产性能（10%~20%）。增重和饲料转化率的改善在很大程度上与仔猪的健康状况、猪舍的清洁状况、环境和管理条件有关。卫生状况越好，则抗生素对生产性能影响越小。

102. 提高仔猪断奶体重有何意义？

仔猪断奶体重和断奶后生产性能之间存在极强的正相关，与同窝体重较小的猪相比，断奶体重达到7kg或7kg以上的仔猪，断奶后腹泻发生率低，生长迟滞时间短和程度较轻，而且对日粮的复杂性要求也较低。另外，还可降低乳猪死亡率。乳猪5%的死亡率是有可能的，但在大多数商业农场，仔猪断奶死亡率高达7%~30%。

103. 如何缓解仔猪断奶应激？

①合理配制断奶仔猪日粮，加强防疫管理，定期消毒。②保持适宜的环境温度：断奶仔猪28日龄的适宜环境温度为30℃，仔猪日龄越小，需要温度越高、越稳定。③防贼风：对仔猪必须尽可能保持气流的稳定。④每圈猪群的数量应保持在一窝或两窝，或者最多不超过15只。⑤提供充足饮水，活重为15~40kg的猪每天至少需要饮水2L，每6~8头猪需要一个乳头式饮水器。

104. 怎样提高仔猪的断奶窝重？

主要有3个措施：①要使仔猪过好初生关，提高全窝仔猪的成活率：要提高仔猪成活率，及早吃初乳、补铁、人工辅助固定乳头，让全窝仔猪都吃好初乳，提高仔猪出生后的抗病能力，进行必要的药物预防；做好保温工作，维持环境温度在 25℃ 以上；保持圈舍安静；设立护仔栏（架），防止仔猪被压死。②做好补料工作：3~5 日龄起补充饮水；5~7 日龄起开始补料 920，采用灵活多样的办法诱导仔猪开食。③在仔猪学会采食后，应促使其尽量多吃食，特别是在母猪过了泌乳高峰以后，能使仔猪迅速过渡到以吃料为主获得营养物质。饲料适口性要好，营养要丰富。

105. 猪场如何进行人员消毒？

工作人员进入生产区净道和猪舍要经过洗澡、更衣、紫外线消毒（15min）。严格控制外来人员进入猪场，必须进入生产区时，要洗澡、更换场区工作服和工作鞋，并遵守场内防疫制度，按指定路线行走。

106. 如何进行空猪舍消毒？

空舍消毒每批猪调出后，按以下程序进行消毒。除粪—清扫—水洗—干燥—2% 火碱等消毒液消毒—水洗—干燥—福尔马林熏蒸或火焰消毒—进猪。

107. 猪场是如何进行带猪消毒？

带猪定期进行消毒，可用 0.1% 新洁尔灭、0.3% 过氧乙酸、0.1% 次氯酸钠等消毒药进行喷雾消毒，喷雾的雾滴要求 50~100 微米。带猪消毒冬季一定要防止猪只感冒。

108. 如何进行猪舍走廊过道、饮水、用具消毒？

走廊过道消毒，定期用 2% 火碱等消毒药进行消毒。

饮水消毒：饮水中细菌总数或大肠杆菌总数超标或可疑污染病原微生物的请况下，需进行消毒，要求消毒剂对猪体无毒害，对食欲、饮水无影响。可选用二氯异氰尿酸钠、次氯酸钠、百毒杀等。用具消毒食槽、水槽等用具每天进行洗刷、定期消毒，可用 0.15% 新洁尔灭或 0.2%~0.5% 过氧乙酸等消毒药进行消毒。

109. 猪瘟临床症状有哪些？

急性型猪瘟，病猪体温升高至 40.5~42℃，稽留热。常有眼结膜炎，先便秘后腹泻。病后期，猪的鼻端、嘴唇、耳、下额、四肢内侧、外阴等处出现紫绀与出血变化。

慢性型猪瘟，温和型病猪主要症状食欲时好时坏，体温时高时低，便秘与拉稀交替出现，精神沉郁，消瘦，母猪出现死胎、流产及产下弱子。

110. 猪瘟剖检病变有何表现？

淋巴结肿大出血，切面多汁，外周发紫呈大理石样变化。脾不肿大，有时边沿梗死。肾苍白，有针尖大小出血，回肠末端回盲口有纽扣状溃疡。全身皮肤、浆膜、黏膜和实质性器官有不同程度出血。温和型猪瘟有时症状表现不明显。

111. 如何防控猪瘟?

本病无特效药物。平时加强饲养管理,定期消毒,制定有效免疫程序。实行自繁自养,若需要从外地购买种猪,运回后隔离一个月左右,进行猪瘟疫苗注射,方可混群饲养。

112. 如何做猪瘟的免疫?

①猪瘟洁净区仔猪出生后 18~20 日龄首免,60~65 日龄二免。后备种猪:8 月龄配种前免疫一次。种公猪:每半年一次。种母猪:每次断奶至再配种时间内免疫一次。②发病猪场,对仔猪可采取超前免疫,35 日龄二免,70~75 日龄三免。

113. 猪伪狂犬流行特点有什么?

流行特点:猪感染后其症状因日龄而异,日龄越大表现越轻,成年猪仅表现一定时间呼吸道症状,增重减慢,种猪不育。病猪、带毒猪经猪鼻液、唾液、奶、阴道分泌物、精液及尿液排毒。经消化道、呼吸道、交配及损伤皮肤黏膜传染。

114. 猪伪狂犬临床症状有什么?

妊娠母猪感染伪狂犬后常发生流产,产死胎、弱子、木乃伊胎。母猪很少死亡但表现不发情、返情和屡配不孕。公猪常表现睾丸肿胀、萎缩、性功能障碍,失去种用能力。乳猪表现,精神沉郁,口角有大量泡沫或流出唾液,有的呕吐、腹泻、有神经症状。有的乳猪后腿抬起呈"鹅步式",有的呈现癫痫发作。

115. 猪伪狂犬剖检病变有何表现?

病猪脑充血,出血,脑脊液增多,肺水肿,肝脏灰白色或黄色坏死灶,肾有针尖大小出血点,脾肿大有出血点。

116. 猪伪狂犬防治方法有哪些?

防治方法:本病无特效治疗方法。实行自繁自养。每年定期注射猪伪狂犬苗。猪伪狂犬的免疫疫苗有灭活苗和弱毒苗两种,预防注射:种猪(包括公猪),第一次注射后,间隔 4~6 周后加强免疫一次,以后每 6 个月注射一次,然后产前 1 个月左右加免一次,可获的较好的免疫效果,可将哺乳仔猪保护到断奶,断奶后仔猪免疫一次,间隔 4~6 周加强免疫一次。受威胁猪场新生仔猪可进行超免(滴鼻或注射 0.5mL),断奶后免疫一次。

117. 猪繁殖呼吸综合症流行特点有哪些?

各种年龄、品种和性别的猪均可感染,但以怀孕母猪和 1 月龄以内的仔猪最易感。感染猪特别是带病毒猪的引入,是易感猪群感染该病的主要原因。

118. 猪呼吸繁殖综合症临床症状有什么？

①种母猪精神沉郁、食欲减少和废绝、咳嗽，不同程度呼吸困难；妊娠母猪发生早产，后期流产、产死胎、木乃伊、弱子；个别病猪双耳、腹侧及外阴皮肤呈现一过性青紫斑块。②仔猪：以 1 月龄内仔猪最易感染，体温 40℃以上，呼吸困难，食欲减退，腹泻、被毛粗乱、共济失调、眼睑水肿、少部分仔猪可见耳部、体表皮肤发紫，死亡率高达80%。③育肥猪：表现轻度的症状，呈一过性的厌食及轻度的呼吸困难。④种公猪：发病率低，厌食，呼吸加快，精子数量减少和活力下降。

119. 猪繁殖呼吸综合症剖检病变有何表现？

病变猪肺脏呈红斑褐花斑状，肺出血，间质性肺炎，小猪胸腔积清亮液体，肾周围脂肪、皮下、肠系膜淋巴结水肿。本病常出现心包炎、胸膜性肺炎、肝周炎、腹膜炎。多为混合感染，病变表现错综复杂。

120. 如何防治蓝耳病？

目前无特效治疗方法。发病猪场用弱毒苗，注射方法按说明。阴性猪场用灭活苗。对已发病猪只可采用对症疗法缓解病情，使用抗生素防止继发感染。为减少母猪流产可口服阿斯匹林 8g/（头·d），注射黄体酮保胎。提高饲料营养成分，添加氨基酸、维生素提高猪只抵抗力，喂以蔬菜及多汁饲料防止便秘。

121. 猪圆环病毒病流行特点有什么？

流行特点：病猪和带毒猪是主要的传染源，主要发生于哺乳期仔猪仔猪和育成期仔猪，特别是 5~12 周龄仔猪，一般与断奶后 2~3d 开始发病，急性发病猪群中，发病率4%~25%，病死率 5%~10%。

122. 猪圆环病毒临床症状有哪些？

临床症状：病猪进行性消瘦，生长迟缓、呼吸困难、腹式呼吸、淋巴结明显肿大、腹泻、皮肤苍白、贫血、黄疸。上述症状可以单独或联合出现，也有咳嗽、发热、胃溃疡、中枢神经系统障碍及突然死亡等。

123. 圆环病毒如何防治？

①没有特效药物和疫苗。发病猪场可以到专业机构制做自家苗。②做好猪舍的消毒工作，选用广谱的消毒药。③加强猪场的饲养管理，降低应激。④抗生素的使用和良好的饲养管理，有助于控制二重感染。

124. 猪细小病毒病流行特点是什么？

流行特点常见于 3 胎以前母猪。感染的公猪、母猪及精液是主要传染源。主要发生在春秋季节。传染途径：消化道、交配、胎盘感染。

125. 猪细小病毒病临床症状是什么？

①主要临床症状表现为母源性繁殖障碍。②可见母猪产木乃伊、死胎、畸形胎、弱胎。③母猪发情不正常，久配不孕。

126. 猪细小病毒病剖检病变有何表现？

①感染胎儿可见充血、水肿、出血、体腔积液、脱水。②母猪子宫有轻度炎症，胎盘钙化。

127. 细小病毒如何防控？

本病尚无特效疗法。免疫程序，后备母猪配种前接种 2 次，间隔 2 周。经产母猪用细小病毒灭活苗在相宜胎次配种前加强免 1 次。种公猪每半年免疫 1 次。

128. 口蹄疫是怎样发生的？

口蹄疫是由口蹄疫病毒感染引起的偶蹄动物共患的急性、热性、接触性传染病。口蹄疫可分为 O 型、A 型、C 型、亚洲 1 型。每个主型内又有若干个亚型。口蹄疫病毒在猪群中反复流行，对猪的毒力增强。乳猪对口蹄疫病毒最易感染，发病率极高，死亡率可达 80%以上。

129. 口蹄疫的传播途径及潜伏期是多少？

口蹄疫的传染源为患病动物和带毒动物，其通过水泡液、排泄物、分泌物、呼出气体等途径向外排毒污染饲料、饮水、空气、用具及环境，屠宰后通过未经处理的肉品、内脏、血液、皮毛和废水而传播。通过呼吸道、消化道、伤口、精液和皮肤感染。口蹄疫潜伏期为 24~96h。本病一年四季都可发生，尤以冬春多发。

130. 口蹄疫的临床症状有什么？

主要症状为蹄冠、蹄踵、蹄叉、副蹄和吻突、皮肤、口脸鄂部、颊部以及舌面黏膜等部位出现大小不等水泡和溃疡，母猪乳头、乳房等部位也会出现水泡。病猪精神不振，体温升高，坡行，蹄壳变形脱落，卧地不能站立。水泡破溃，露出边沿不整的暗红色糜烂面，1~3 周结痂愈合。成年猪死亡率为 3%，仔猪死亡率高达 80%以上。主要表为胃肠炎和心肌炎（虎斑心）。

131. 如何进行口蹄疫防控？

猪发生口蹄疫，应立即上报上级主管部门，才取扑杀和对威胁区实施防控措施。种猪每隔 3 个月免疫 1 次，每次肌肉注射常规苗 2mL/头，或肌肉注射高效苗 1~1.5mL/头。仔猪 40~45 日龄首次免疫，常规苗肌注 2mL/头或高效苗 1mL/头。100~105 日龄第二次免疫。

132. 猪乙脑流行特点有哪些？

由乙脑病毒传播急性传染病。主要表现为突然发病，体温 40~41℃，稽留热，食欲减少或不食。个别猪兴奋，乱撞及后肢麻痹，妊娠母猪感染时，主要症状是突然流产或早产。患病公猪常发生睾丸炎，肿胀呈一侧性，有时两侧睾丸肿胀。丧失生产精子能力。

133. 如何进行猪乙脑防控？

目前乙脑的治疗主要是对症治疗，主要的防治措施防蚊灭蚊和免疫接种。免疫青年母猪和公猪，3~5 月份每头肌注弱毒苗 1mL，2 周后再注射一次，方法、剂量相同。经产母猪和公猪每头肌注弱毒苗 1mL。2 周后再注射一次。方法同上。

134. 仔猪红痢是如何发生的？

仔猪红痢为 C 型产气荚膜梭菌引起的肠毒血症。

135. 仔猪红痢临床特点有什么？

主要特征是仔猪生后数小时至 1~2d 即可出现症状，表现精神沉郁，不吮乳，四肢无力、行走摇摆、拉红色糊状稀粪，粪便很臭，常混有组织碎片，病变常局限于小肠和肠系膜淋巴结充血，淋巴结中常有数量不等的小气泡，空场病变最重肠粘膜出血，坏死，形成坏死性假膜。病程短而死亡率高。

136. 如何进行仔猪红痢防控？

加强对母猪和仔猪饲养管理、保持猪舍清洁卫生、消毒猪舍。疫场母猪产前 30d 和 15d 各免疫一次仔猪红痢氢氧化铝菌苗 5~10mL 或仔猪红痢干粉菌苗（氢氧化铝盐水溶液）1mL，连续用苗两胎以后则与产前 15d 注射菌苗 1 次即可。对常发病猪场，出生仔猪可口服土霉素、氟哌酸，对阻止病原的生长繁殖有一定效果。

137. 仔猪黄痢是如何发生的？

病原：致病性大肠杆菌。

138. 仔猪黄痢临床症状有哪些？

临床特点是 3 日龄左右仔猪发生一种急性、高度致死性肠道传染病。特征拉黄色稀粪。本病主要侵害出生数小时至 3 日龄仔猪，5 日龄以后很少发病，病初拉黄色混有气泡稀粪，随后病势加重，肛门失禁，脱水、衰竭、昏迷死亡。主要病变十二指肠急性卡他性炎症，肠粘膜变性坏死，胃内充满腐败凝乳块，肠内充满黄白色内容物。

139. 如何进行仔猪黄痢防控?

有条件猪场做药敏实验,选用敏感药物。可选用庆大霉素、氟笨尼考、氟哌酸、黄连素等治疗。疫苗免疫:妊娠母猪于产前 30d 和 15d 分别注射（K88、K99、F41）各免疫一次。

140. 仔猪白痢是如何发生的?

仔猪白痢是有大肠杆菌引起的一种急性病,一年四季均可发生,但以冬、春季多发,发生日龄一般为 10~30d。

141. 仔猪白痢临床症状有哪些?

主要表现为下痢,粪便乳白色、灰白色或蛋黄白色,糊状,有腥臭味,有时混有气泡。体温正常,精神,食欲尚好。病变胃肠粘膜有炎症,肠内容物有酸臭味,肠管空虚,充满气体,肠壁变薄,场系膜淋巴结肿大。

142. 什么是仔猪白痢防治?

治疗用氟哌酸、黄胺咪+鞣酸蛋白+胃蛋白酶、氟苯尼考、新霉素。预防:保持猪舍清洁卫生,干燥,温暖,经常消毒,有条件的可用自家苗注射本厂母猪。

143. 传染性胃肠炎是如何发生的?

是有为冠状病毒引起的一种急性传染病,以各种年龄的猪消化道感染为特征,其中以仔猪为多发。

144. 猪传染性胃肠炎流行特点有哪些?

①仔猪先呕吐,后水样腹泻,粪便呈黄色、淡绿色、或灰白色,内涵凝乳块,气味恶臭;迅速脱水,体重下降,发病 2~7d 死亡。②育成猪和成年猪发生水样腹泻,呈喷射状,排泄物灰色或褐色。③哺乳母猪泌乳减少或停止,病程 1 周左右腹泻停止而康复。

145. 如何进行传染性胃肠炎防控?

①免疫用传染性胃肠炎和流行性腹泻二联疫苗,对妊娠母猪产前45d 和 15d 注射灭活苗或弱毒苗,对哺乳仔猪有一定保护作用。②发病猪只给口服补液盐,防止脱水。③防止继发感染选用抗生素。

146. 猪水肿病是有什么病原体引起的?

水肿病是有致病大肠杆菌引起的。

147. 猪水肿病临床症状有什么?

流行特点,断奶仔猪呈散发或地方性流行。经消化道感染。发病突然,体温不高,四肢运动障碍,共济失调;眼睑头部水肿,有神经症状,病程短的数小时,病程长的 2~3d。致死率可达 90%。剖检胃大弯部水肿明显,肠系膜水肿。淋巴结肿大,胸腔、腹腔积液。

148. 如何进行猪水肿病防控?

缺硒地区采用补硒措施,7 日龄仔猪使用环山 920 诱食,更换饲料要过渡 5~7d 过渡。本病治愈率很低,可选用磺胺类药物治疗。防疫:仔猪 14 日龄用水肿苗 1 头份肌肉注射。

149. 仔猪副伤寒流行特点及临床症状有什么?

仔猪副伤寒病一年四季都可发生尤其是阴雨潮湿季节。病猪和带菌猪是主要传染源。病菌随粪便排到外界环境,经消化道感染。病猪体温微升高或正常,持续下痢,粪便黄绿色或灰白色,恶臭,有时混有血液、坏死组织或纤维状物。耳根、皮下、四肢皮肤有紫红色斑块,死亡率很高,也可由急性转为慢性。

150. 仔猪副伤寒剖检症状有什么?

主要病变在盲肠、结肠和回肠形成溃疡。溃疡周边隆起,中央凹陷,表面附有灰黄色或淡绿色糠麸样物质。脾脏及肠系膜淋巴结肿大呈索状肿,可见针尖大小灰黄色坏死灶。肝脏有干酪样坏死区,伴发肺炎。

151. 如何进行仔猪副伤寒防控?

治疗:用氟哌酸、环丙沙星、恩诺沙星、氟苯尼考、磺胺类均有效。防疫:仔猪断奶注射或口服仔猪副伤寒疫苗。用弱毒苗前 3d 和后 7d 停止使用抗生素。

152. 猪肺疫是如何发生的?

猪肺疫病原是多杀性巴氏杆菌。

153. 猪肺疫流行特点有什么?

病猪和健康带菌猪是主要传染源。当猪群处于管理不当的情况下,由于寒冷、闷热、冷热交替、气候剧变、拥挤、通风不良、营养缺乏、更换饲料、运输、寄生虫及其他致病因素作用下,使猪体抵抗力下降,病菌乘机侵入体内发生内源性感染。多呈散发流行,在初春、秋末及气候突变时多发。各种日龄的猪均有易感性,小猪和中猪多发。经消化道、呼吸道及损伤的皮肤感染。

154. 猪肺疫临床症状有什么?

最急性:呈败血症经过,突然死亡;体温升高,呼吸急促,口鼻流出泡沫样液体,可视黏膜发紫，1~2d死亡。急性：纤维素性胸膜肺炎症状：体温41℃以上，呼吸困难，呈犬坐姿势；先便秘后腹泻，病程为3~5d。慢性：慢性肺炎症状，咳嗽，体温忽高忽低，消瘦。

155. 猪肺疫剖检病变有哪几种?

最急性：各浆膜、黏膜有出血点；全身淋巴结肿大；肺充血，水肿。急性：肺有大小不等的肝变区，切开似大理石样花纹；胸腔含有纤维蛋白凝块的混浊液体。慢性：肺脏大部分肝变，胸膜粘连。

156. 如何进行猪传染性胸膜性肺炎防控?

如青霉素加链霉素，四环素，四环素+磺胺二甲嘧啶；泰乐菌素+磺胺二甲嘧啶等。预防：加强饲养管理，减少应激，发现病猪后立即隔离，消毒。疫苗：每年春秋两季，用猪肺疫氢氧化铝甲醛灭活苗或猪瘟、猪丹毒、猪肺疫三联苗进行接种。药物预防：对常发病猪场，饲料中添加抗菌药物。

157. 猪气喘病病原体是什么?

猪气喘病由猪肺炎支原体体引起的。

158. 猪气喘病流行特点和临床症状有什么?

本病在绝大多数猪场均存在，一方面造成猪只生长缓慢，饲料报酬降低，更重要的是本病在呼吸道综合症病原中期"导火索"作用，和其他细菌、病毒以及寄生虫等共同作用引发呼吸道综合症。主要症状：以咳嗽为主要特征，在早晚吃料、驱赶时呈连续性痉挛性咳嗽，慢性消瘦、焦毛。若无继发感染，体温、采食量、精神状态均正常。

159. 如何进行猪气喘病防控?

可采用支原净、氟苯尼考、林可霉素、强力霉素、泰乐菌素等药物进行治疗，病情较重时配合麻黄碱、尼克利米、地塞米松治疗效果好。预防：怀孕母猪分娩前14~20d投药7d。可选用支原净、林可霉素、强力霉素、泰乐菌素等药物。保育猪、育肥猪采用"脉冲"用药，可选用支原净、氟苯尼考、林可霉素、强力霉素等。免疫：①种猪、成年猪每半年免疫接种1次。②仔猪：7日龄、21日龄各免疫一次。③后备种猪：配种前再免疫接种1次。④灭活苗采用肌肉注射，弱毒苗需采用胸腔注射。

160. 猪弓形体病是如何发生的?

弓形虫病（又名弓形体病或弓浆虫病）是一种人畜共患的原虫病。猪、兔、禽、人等皆可感染并传播本病。

161. 猪弓形体病流行特点有什么?

其中猫与老鼠是本虫的携带者,常引起养猪场暴发弓形虫病。患病及带虫动物卵囊、滋养体通过分泌物、排泄物、污染土壤、饲料、饮水等传播。还可通过昆虫、蚯蚓等机械性的传播。本病大小猪皆可感染,一年四季均可发生。但主要侵害育肥猪,常在秋末、冬季、早春发生。

162. 猪弓形体病主要症状有什么?

病猪体温升高41~42℃,高烧不退呈稽留热4d,精神萎顿、食欲减退、最后废绝。便秘或下痢。呼吸困难常呈腹式呼吸或犬坐姿势并有咳嗽、呕吐、流水样或粘液状鼻汁,偶出血,继而在耳朵特别耳尖、鼻端、下肢、大腿内侧、腹部出现紫红斑或小出血点,严重者在耳壳上形成痂皮,甚至耳尖发生干性坏死。耐过病猪往往遗留有咳嗽、呼吸困难和后驱麻痹、斜颈、痉挛等神经症状。怀孕母猪发病,表现为高热、不食、精神不振,持续数天后出现流产、死胎、即使产出活仔也会发生急性死亡或发育不全,不会吃奶或畸形胎。母猪常在分娩后迅速自愈。

163. 猪弓形体病剖检变化有什么?

肺呈大叶性肺炎,暗红色,间质增宽,含多量浆液而膨胀成为无气肺,切面流出多量带、泡沫的浆液。胸腔、腹腔及心包积水。全身淋巴结有出血点和灰白色的坏死点。肝肿大,有灰白色和灰黄色的坏死灶。脾脏先肿胀、有少量出血点,后期萎顿。肾脏有针尖大出血点。大肠粘膜肥厚、糜烂、有出血斑点。

164. 猪弓形体病防治措施有什么?

猪场内不养猫,同时注意搞好灭鼠工作。流产的胎儿及排出物,死于本病的尸体等应严格处理,防止污染环境。在本病易发季节,可用药物预防,尤其是刚流行过本病的猪场。常用药物为磺胺类和乙胺嘧啶。

早发现、早认断、早治疗。一般抗菌素和抗生素无效,特效药为磺胺类药物。通常配合增效剂使用。

165. 猪附红细胞体病病原体是什么?

猪附红细胞体病是由立克次氏体或红细胞孢子虫(尚有争论)寄生于红细胞和血浆中而引发的一种传染病。

166. 猪附红细胞体流行特点有什么?

本病主要引起猪(特别是仔猪)高热、贫血、黄疸和全身皮肤发红,故又称红皮病,猪只感染后可引起大批死亡。因此可给养猪业造成很大的经济损失。本病一年四季均可发生，尤其以温暖季节（夏季）多发。节肢动物（蚊虫、疥螨、虱子等）、注射针头、手术器械、舐食血液、交配为本病的主要传播途径，另外本病可通过胎盘传播。

167. 猪附红细胞体病主要临床症状有什么？

发热、扎堆；步态不稳、发抖、食欲下降。从开始皮肤发红到贫血苍白，最严重的可出现黄疸。后期皮肤可见出血斑点，毛孔常见渗血点。

皮炎，出现破皮，尤其是耳部皮肤，有时可见耳边缘卷曲，体表可见小红丘疹。尿呈浓茶色。便秘或腹泻，有时可见粪便呈黄色或铁锈色。血液稀薄，采血后血流不止。母猪：急性病例表现出高热（40～41.7℃）、厌食，妊娠后期外阴和乳房出现水肿、产后乳房炎；流产、死胎。慢性病例表现为衰弱、粘膜苍白、黄疸、不发情、屡配不孕。

168. 猪附红细胞体病剖检变化有什么？

血液：稀薄、淡紫红色（贫血）可视粘膜苍白、全身黄疸。肝肿大、黄棕色，胆囊肿大 2～3 倍，胆汁浓稠如明胶样。脾：肿大、变软。淋巴结：肿大、坏死、出血。肾：有时有出血点。

169. 猪附红细胞体病如何治疗？

贝尼尔（血虫净）：5～7mg/kg 体重，深部肌肉注射；新砷矾钠明（914）：10～14mg/kg 体重注射；强力霉素 5～10mg/kg 体重注射；黄色素 4mg/kg 体重注射。对贫血严重者同时辅以牲血素或 VB12，以及抗菌素防止继发感染，促进康复。

170. 猪附红细胞体如何防治？

控制蚊虫、治疗疥螨和猪虱。加强饲养管理、使用优质饲料、减少应激对预防本病尤其重要。定期与饲料中添加药物预防。如土霉素、四环素、强力霉素、阿散酸等。措施：①怀孕母猪从妊娠 21d 开始，每吨料中加对氨基苯砷酸 100g，产后在整个哺乳期连续饲喂。②仔猪断奶后，按每吨料加四环素 200g、对氨基苯砷酸 60g，连用 10d。③发病猪场，每吨料加对氨基苯砷酸 200g，连用 1 周，后改为 100g 量连用 1 月。④每吨料加土霉素 900g，连用一周。

171. 什么是猪疥螨病？

猪疥螨病俗称"猪癞"，是由疥螨寄生于猪皮肤内引起的一种皮肤病。其存在于绝大多数猪场，感染率非常高本病一方面造成猪只生长速度减慢、料肉比增高，疥螨在很多病的传播中起着重要的作用（如附红细胞体），而且这些危害性往往被养猪者忽视，结果造成重大的经济损失。

172. 猪传染性萎缩性鼻炎是怎样发生的?

猪传染性萎缩性鼻炎是由支气管败血波氏杆菌引起的猪一种慢性呼吸道传染病。各种年龄猪只都可感染，但以 2~5 月龄的猪多发。出生几天至数周仔猪感染时，发生鼻甲骨萎缩。

173. 猪萎缩性鼻炎如何防控?

应用抗生素和磺胺类药物治疗。也可在每吨饲料中加入磺胺二甲基嘧啶 100g、青霉素 50g、金霉素 100g，联喂 3~7 周。有一定疗效。

免疫：母猪产前 30d 免疫接种猪萎缩性鼻炎灭活苗，种公猪每年免疫 2 次。仔猪 7~10 日龄注射一次，2~3 周后再注射一次。剂量按说明。

174. 猪链球菌病是怎么发生的?

猪链球菌是由链球菌引起的，是一种人畜共患疾病。病猪和带菌猪随排泄物排菌，病死猪的血、肉、内脏和下脚料中含有大量病菌，经呼吸道、消化道、脐带及皮肤伤口传染。各种年龄猪只均可发病，以断奶仔猪多发。

175. 猪链球菌临床症状有什么?

最急性病例猪不表现症状，突然死亡。败血症体温升高到 41~42℃ 精神沉郁，食欲废绝，有浆液性和粘液鼻汁，便秘和腹泻带血，呼吸急促，站立不稳，关节肿胀，出现坡性、耳、鼻、四肢末端出现紫色斑块。脑膜脑炎型多出现发生于仔猪。

176. 猪链球菌病如何防控?

主要措施：①加强饲养管理加强猪舍透风，尽量减少各种应激因素；适当降低饲养密度，注意饲料营养平衡，增强猪群的抵抗力，加强猪场环境清洁和消毒工作。严格断脐、严格和增强猪群的抵抗力。②在疫区或受威胁区使用链球菌弱毒苗或灭活苗进行免疫注射。③将病猪及时隔离并行治疗，较敏感的药物有丁胺卡娜、氧氟沙星、先锋霉素类等。④可在饲料中加入金霉素或四环素 400~800g/吨，连喂 1~2 周。

177. 副猪嗜血杆菌病流行特点有什么?

猪副猪嗜血杆菌病只感染猪，主要引发断奶猪和保育阶段猪发病，通常 5~8 周龄猪，也有 4 月龄青年猪。引起纤维素性、化脓性支气管肺炎的疾病。

178. 副猪嗜血杆菌病流行特点有什么?

猪只发热、食欲不振、厌食、消瘦、被毛粗乱、咳嗽、呼吸困难、可视黏膜发绀、关节肿胀、坡行、颤抖、共济失调、母猪流产、公猪慢性坡行。

179. 猪副猪嗜血杆菌剖检病变有什么?

剖检可见急性病变是浆膜液性—纤维蛋白性多发浆膜和多发性关节炎,尤其是腕关节和跗关节炎,并发胸膜炎、腹膜炎、心包炎、脑炎。

180. 副猪嗜血杆菌病如何防控?

选用氨苄青霉素、氟喹诺酮类、头孢类、四环素类和增效磺胺类药物治疗。预防:可用副猪嗜血杆菌灭活苗种公猪每半年免 1 次,剂量为 3mL/头,经产母猪在配产前 6~7 周免,2 周后二免,以后每胎产前 4~5 周免疫 1 次,剂量为 3mL/头,仔猪可于 7 日龄首免,剂量 1mL/头,17~28 日龄二免,剂量 1.5mL/头。

181. 母猪无乳综合症是怎么发生的?

母猪无乳综合症有称泌乳失败,是指母猪产后出现缺乳或无乳,厌食,精神萎顿,体温升高,便秘,排恶露,对仔猪反应冷淡等一系列症状。本病的病因是多方面的如母猪妊娠期饲料配合不平衡;传染因素如大肠杆菌、葡萄球菌、链球菌、放线菌、梭状芽孢杆菌等病原引起乳房炎,应激因素;内分泌失调等因素引起母猪泌乳障碍。

182. 母猪无乳综合症如何防治?

母猪出现体温升高及传染因素引起无乳综合症,应选用安痛定、抗菌素。无炎症无乳综合症,应改善饲养管理,给以营养平衡易消化饲料,增加青绿饲料,按摩乳房,肌肉注射催产素 30~40 单位,配合雌激素治疗。同时可配合中药王不留 40g、穿山甲、白术、通草各 15g,黄芪、党参、当归、白芍各 20g,水煎服,1 次/d,连用 2d。将仔猪留在母猪舍内,使母猪乳头能经常受到仔猪吮乳的刺激。

183. 少数母猪不发情怎么办?

①控制膘情。过肥者予以限饲,使其掉膘,然后再催膘;过瘦者,加大饲喂量催膘。②异性催情。将不发情的母猪与公猪圈在一起。让公猪追逐、爬跨来促进母猪发情。③迁移催情。在接近初情日龄时,将舍内育成猪移至另外环境。④合群催情。将不发情的后备猪与正发情的正常母猪混群饲养。⑤饥饿催情。将一群猪关在一栏,让其饥饿、吵叫,可激发催情。⑥运动催情。加强母猪运动,实行放牧、放青,有利于促进母猪发情。⑦按摩催情。用手按摩乳房,每天 2 次,每次约 10min,连续按摩 6d,母猪可能发情。⑧药物催情。注射孕马血清促性腺激素 5mL,体重 75~100kg 的母猪肌肉注射 1000 单位绒毛膜促性腺激素。也可注射 PG600 催情。

184. 我国现在养猪疾病特点有什么?

养殖技术水平越来越高;疾病越来越复杂(猪流感、高热混感、免疫拟制);细菌的耐药性越来越高；可选用药物越来越少。

185. 青霉素类常用的包括哪几种？

包括天然青霉素（钾、钠）、半合成青霉素（啊莫西林、笨唑青霉素、双氯西林、哌拉西林）、新青霉素（氨曲南）。

186. 头孢类在兽医临床上常用的有哪几种？

在兽医临床上主要有头孢一代和头孢三代。头孢一代常用的有头孢唑林和头孢拉定，即先锋五和先锋六。头孢唑林+恩诺沙星钠主治腹腔感染，包括腹膜炎。头孢拉定主治中度感染全身性大肠杆菌病。

187. 头孢三代包括哪几种？

包括头孢曲松纳、头孢噻肟钠、头孢哌酮钠—舒巴坦钠、头孢噻呋钠。头孢噻呋钠主治胸腔感染包括心包炎、肝周炎、心包积液、胸腔积液。头孢噻肟钠主治重症大肠杆菌的全身感染。

188. 氨基糖苷类包括哪几种药物？

链霉素、硫酸庆大霉素、硫酸卡娜霉素、硫酸新霉素、硫酸啊米卡星、大观霉素、安普霉素、地贝卡星。链霉素+青霉素用于治疗乳腺炎、胸内膜炎、脑膜炎、猪丹毒。硫酸卡娜+泰乐菌素治疗较重鼻炎。硫酸阿米卡星+阿奇霉素主治肺部感染。

189. 四环素类包括哪些药物？

包括土霉素、金霉素、四环素、强力霉素。用于治疗副红细胞体配合贝尼尔或新砷矾钠明效果好。强力霉素配合阿奇霉素治疗呼吸道，配合卡娜霉素或新霉素治疗以肠炎为主的大肠杆菌的全身感染。

190. 氯霉素类常用包括哪些？

甲砜霉素、氟苯尼考。氯霉素类对免疫拟制、对造血系统有损害。甲砜霉素只要用于鱼类疾病。氟苯尼考主治以伤寒、副伤寒为主的肠炎腹泻；由于脂溶性强、细胞穿透力强可用于金色葡萄球菌、链球菌引起的肺部混合感染、脑膜炎等。

191. 大环内酯类药物常用包括哪些？

红霉素、罗红霉素、阿奇霉素。主要作用拟制肺部支气管深处炎性物质渗出、黏膜损伤，增加噬中性粒细胞、巨噬细胞配合其他有效药物治疗肺部支原体及混合型感染。

192. 林可类常用的药物有哪些?

主要有林可霉素;克林霉素;林可霉素抗菌谱与大环内酯类相似主要用于革兰氏阳性菌如耐药性金葡菌、链球菌、厌氧菌及支原体等;克林霉素(氯林可霉素、氯洁霉素)抗菌谱与林可霉素相同;比林可霉素强4~8倍。

193. 安莎类抗生素有哪些?

利福平;与氟苯尼考配合治疗较重的脑内膜炎;特别是溶血性链球菌、金色葡萄球菌、化脓性链球菌、脑膜炎双球菌引起的脑内膜炎;如果有需氧杆菌参与,与庆大结合应用;与阿奇霉素、丁胺卡娜结合治疗猪混合型感染;与痢菌净结合治疗功能性肠炎为主的肠道疾病。

194. 多肽类抗生素有哪些?

多粘菌素;主要用于革兰氏阴性菌,如大肠杆菌、沙门氏菌、巴氏杆菌、布氏杆菌病;痢疾等;黏菌素;主要用于革兰氏阳性菌;如大肠杆菌;沙门氏菌;巴氏杆菌;布氏杆菌病痢疾等;杆菌肽;对革兰氏阳性菌有杀菌作用如;金色葡萄球菌、链球菌、螺旋体、放线菌有效。

195. 泰妙菌素作用有哪些?

主要用于革兰氏阳性菌如金色葡萄球菌、链球菌、猪胸膜肺炎放线杆菌、猪密螺旋体;猪肺炎支原体等。

196. 化学合成抗菌素有哪些?

磺胺类如磺胺嘧啶钠、磺胺间甲氧嘧啶、磺胺二甲嘧啶;磺胺甲恶唑等;磺胺类属于广谱慢作用型抑菌药;对大多数革兰氏阳性菌和部分革兰氏阴性菌有效,如链球菌、肺炎球菌、沙门氏菌、大肠杆菌等。

197. 喹诺酮类常用药物有哪些?

主要有诺氟沙星、培氟沙星、环丙沙星、恩诺沙星等。主要作用有抗菌谱广对革兰氏阳性菌、革兰氏阴性菌、绿脓杆菌、支原体、衣原体均有效。

198. 硝基咪唑类常用药物有哪些?

甲硝唑、地美硝唑。主要用于原虫、拟杆菌属、梭状芽孢杆菌属、产气荚膜梭菌、粪链球菌、猪痢疾等;此外还有抗滴虫和阿米巴原虫等。

199. 地塞米松在哪些情况下不能使用?

地塞米松为糖皮质激素类药物,具有消炎、抗过敏、抗休克、抗免疫作用,用于过敏性疾病和细菌类疾病的治疗。但对于一些病毒性疾病,虽然能短暂的缓解症状,但由于病毒病无特效药,靠猪体自身产生免疫力耐过,而地塞米松具有抗免疫的作用,所以治疗病毒病时不要使用。另外,对妊娠母猪和哺乳母猪,由于它能增加流产的风险,会影响泌乳,所以不要使用。

200. 常用驱虫药主要有哪些?

抗生素类;阿维菌素、伊维菌素等;苯并咪唑类;阿苯达唑、丙硫笨脒唑、左旋咪唑等。

附录一

生态养猪饲养管理各项建议指标

一、猪的生理指标

阶段		温度℃（范围±0.3℃）	呼吸率（次/min）	心率（次/min）
	初生猪	39	50~60	200~250
	1h	36		
	12h	38		
	24h	38.6		
	哺乳仔猪	39.2		
	断奶仔猪 9~18kg	39.3	25~40	90~100
	生长猪 27~45kg	39	30~40	80~90
	育肥猪 45~90kg	38.8	25~35	75~85
母猪	怀孕期	38.7	13~18	70~80
	产前24h	38.7	35~45	
	产前12h	38.9	75~85	
	产前6h	39	95~105	
	第一头仔猪出生	39.4	35~45	
	产后12h	39.7	20~30	
	产后24h	40	15~22	
	产后1周	39.3		
	断奶后1d	38.6		
	公猪	38.4	13~18	70~80

二、主要生产技术指标

项目	指标	项目	指标
发情周期	21d	全期成活率	90%
怀孕期	114d	配种分娩率	85%
哺乳期	21~28d	仔猪出生重	1.2~1.4kg
断奶至下次发情	3~10d	21日龄个体重	6kg
母猪年产胎次	2.2胎	28日龄个体重	7.5~8kg
经产母猪窝产活仔数	10头	8周龄个体重	18kg
初产母猪窝产活仔数	8.5	24周龄个体重	93~100kg
哺乳仔猪的成活率	92%	母猪使用年限	3年（6~8胎）
保育猪的成活率	96%	公母比例	1:25
生长肥育猪成活率	98%	公猪使用年限	4年

三、规模猪场猪群结构

猪群类别	生产母猪（头）					
	存栏猪数（头）					
	100	200	300	400	500	600
空怀配种母猪	25	50	75	100	125	150
妊娠母猪（存栏母猪的一半）	51	102	156	204	252	312
分娩母猪（存栏的四分之一）	24	48	72	96	126	144
后备母猪	10	20	26	39	45	52
公猪（包括后备公猪）	5	10	15	20	25	30
哺乳仔猪	200	400	600	800	1000	1200
生长猪	216	438	654	876	1092	1308
育肥猪	495	990	1500	2010	2505	3015
合计存栏	1026	2058	3098	4145	5354	6211
全年上市商品猪	1612	3432	5148	6916	8632	10 348

四、规模猪场环境参数

1. 每头猪占用猪栏地面面积建议值

猪类别	体重（kg）	每头猪占用猪栏地面面积建议值（m²）	每圈头数	采食宽度（cm²/头）
公猪	140~250	4~6	1	35~45
怀孕母猪	140~250	1.2~1.5	1	35~40
分娩母猪	130~200	1.3~1.5	1	40~50
奶仔猪	1.5~8.5	0.16~0.25	1窝	
小猪（保育阶段）	8.5~35	0.3~0.32	8~12	18~22
中猪（生长阶段）	35~75	0.5~0.55	8~12	35
育肥猪（育成阶段）	75~100	0.9~1.2	8~12	35~40

2. 各饲养段的适宜温度和湿度

猪的类别	日龄	推荐的适宜温度（℃）	推荐的适宜湿度（%）
仔猪	初生几小时	32~35	
	7日以内	27~32	
	14日以内	23~27	60~75
	14~28日以内	23~25	60~80
	28~35日龄	25~26	

（续）

猪的类别	日龄	推荐的适宜温度（℃）	推荐的适宜湿度（%）
保育猪	35~56 日龄	21~23	
	56 日龄以后	16~19	
育肥猪		12~18	
公猪		10~18	60~80
产仔母猪		18~22	
妊娠母猪		13~20	

3. 猪群需水量标准（kg/头·日）

猪群类别	总需水量	饮水量
种公猪	25	10
空怀配种母猪	25	12
带仔哺乳母猪	60	20
断奶仔猪	5	2
后备猪	15	6
育肥猪	15	6

五、饲料饲养参考表

饲养阶段	饲养周期（周）	饲料种类	体重（kg）	日增重 g/d	体重与投料量（kg）		料肉比
					体重	每头每日投料量	
哺乳期	3~4	教槽料：乳猪宝	1.2~8	200~240	0.6~1.0（4 周内投料总量）		
保育期	6~7	乳猪壮、S6020、S1811	8~35	340~470	0.6~1.0（平均日投料量）		1:1.5~1.8
生长期	10~12	852、S412 或 S413	35~75	600~785	自由采食		1:2.3~2.6
育肥期	3~4	三月肥、S414 或 SP414	75~100	720~1200	限料饲喂 2.2~2.5 自由采食		1:3.1~3.5
合计	22~27		100	675			2.8~2.9

六、猪场各阶段猪只采食量

日龄（日）	采食量度（kg/日）	标准体重（kg）
10		2
20		5.5~6
30	0.5	8~9
40	0.75	11~12
50	1.00	15
60	1.20	20
70	1.40	26
80	1.6~1.7	32
90	1.8~1.9	38
100	1.95~2.0	45
110	2.1~2.2	52
120	2.25~2.3	59
130	2.4~2.5	66
140	2.55~2.6	74
150	2.7~2.8	82
160	2.9~3.0	91
170	3.2~3.5	101
合计	252	101

附录二

猪场常备药物

一、治疗用药

（1）抗病毒二号（主要成分：黄芪多糖）注射液：用于增强体质，稀释猪瘟疫苗，配合其他抗菌药物，辅助治疗。

（2）氟苯尼考注射液：治疗咳嗽等呼吸道病。

（3）氨苄青霉素：治疗感冒。

（4）磺胺六甲注射液：治疗皮肤发红、腿僵、腰躬等。

（5）链霉素：与氨苄氢霉素配合使用。

（6）庆大霉素：治疗肠炎拉稀及呼吸道病。

（7）痢菌净：治疗血痢或下痢。

（8）阿托品：配合抗生素治疗严重拉稀。

（9）肾上腺素：抗过敏、抗休克。

（10）病毒灵（利巴韦林）：治疗病毒性感冒或治疗病毒性疫病。

（11）柴胡：为退烧解表药，常和安乃近、地米配合成复方柴胡使用。

（12）氨基比林、安乃近、安痛定：属同一类药起解热镇痛作用。安乃近配青霉素治疗一般性不吃料的猪，怀孕母猪使用剂量不能过大，否则会导致流产。

（13）地塞米松：治疗咳嗽、气喘，配合安乃近、柴胡治疗高热。

（14）VB1：健胃，治疗不吃。

（15）VC：体质调节药物。

（16）VK3、止血敏：用于出血的治疗。

（17）双黄连注射液：和青链霉素合用治疗猪高热不吃。

（18）板蓝根注射液：抗病毒类药物，配合抗菌素使用。

（19）长效土霉素注射液（得米先）：广谱抗菌药。

（20）盐水、5%糖盐水。

二、保健药物

1. 阿莫西林粉

抗生素类药，系半合成青霉素，主要用于青霉素敏感的革兰氏阳性、阴性菌感染，如对链球菌肺炎球菌、金黄色葡萄球菌、痢疾杆菌、淋球菌、流感杆菌、大肠杆菌等有明显抗菌作用。

2. 氟苯尼考粉剂

抗菌谱和氯霉素、甲砜霉素基本相同，而抗菌活性明显高于氯霉素和甲砜霉素，对革兰氏阳性菌和革兰氏阴性菌均有强大杀灭作用，特别是对伤寒杆菌、流感杆菌、沙门氏菌作用最强，对痢疾杆菌、变形杆菌、大肠杆菌也有明显抑制作用。主要用于治疗畜脑膜炎、胸膜炎、乳腺炎、幼畜副伤寒、仔猪黄痢、白痢、呼吸道感染。

3. 黄芪多糖粉剂

有多种作用，为猪场必须用药。

4. 病毒灵粉剂

抗病毒药。用于治疗病毒感染。

5. 驱虫药

驱虫。

6. 小苏打

碳酸氢钠能中和胃酸，溶解粘液，降低消化液的粘度，并加强胃肠的收缩，起到健胃、抑酸和增进食欲的作用。碳酸氢钠在消化道中可分解放出 CO_2，由此带走大量热量，有利于炎热时维持机体热平衡。饲料中添加碳酸氢钠，可提供钠源，使血液保持适宜的钠浓度。

7. 脱霉剂

去除玉米中的霉菌毒素。

三、消毒剂

1. 碘酊

5% 碘酊用于外科手术部位、外伤及注射部位的消毒，用碘酊棉球涂抹局部。本品对外伤虽有一时的疼痛，而杀菌能力强，用后不易发炎，并对组织毒性小，穿透力强，是每个猪场和养猪专业户必备的皮肤消毒药。

2. 酒精

75% 的酒精消毒效果好。75% 酒精浸泡脱脂棉块，便制成了常用的酒精棉。本品具有溶解皮脂、清洁皮肤、杀菌快、刺激性小的特点，用于注射针头、体温计、皮肤、手指及手术器械的消毒，是必备的消毒药。注射活疫苗时严禁使用酒精浸泡的针头。

3. 过氧化氢（双氧水）

常用 3% 溶液，本品通有机物放出初生态氧，呈现杀菌作用。主要用于化脓创口、深部组织创伤及坏死灶等的处理。

4. 高锰酸钾（过锰酸钾）

本品是一种强氧化剂，对细菌、病毒具有杀灭作用。常用 0.1% 溶液，用于猪乳房消毒，化脓创、溃烂创冲洗等。

5. 火碱（氢氧化钠、烧碱、苛性钠）

本品对病毒和细菌具有强的杀灭能力，3% 溶液用于猪舍地面、食槽、水槽等消毒，可放入消毒池内作为消毒液，并可用于传染病污染的场地、环境的消毒。但不许带猪消毒，以防止烧坏皮肤。

6. 齐鲁百毒净

本品是一种白色粉末，带有剧烈氯气味，有强的杀菌作用 和除臭能力。用于猪舍、运输猪的车 船、环境、粪便、土壤、污水等的消毒，1%～3%澄清液用于食槽、水槽、用具等消毒。也可治疗猪病毒性腹泻。

7. 甲醛（40%甲醛溶液是福尔马林）

本品有极强的还原性，可使蛋白质变性，具有较强的杀菌作用，2%福尔马林用于器械消毒。猪舍熏蒸清毒，要求室温20℃，相对湿度60%～80%，门窗密闭，不许漏风。每立方米空间用福尔马林25mL、水12.5mL、高锰酸钾25g。先把福尔马林和水放一个容器里，再加入高锰酸钾；甲醛蒸气迅速蒸发，人必须快速退出。消毒时间最好24h以上，特别要注意的是先放福尔马林和水，后放高锰酸钾，按这个程序进行，不允许颠倒。

8. 生石灰

配制10%～20%石灰乳，涂刷猪舍墙壁、栏杆、地面等，也可以将生石灰撒在阴湿地面、猪舍地面、粪池周围及污水沟旁等处。

9. 模范碘

本品含碘0.5%，消毒防腐药，1%～2%用于猪舍、猪体表及环境消毒。5%用于手术器械、手术部位的消毒，对病毒和细菌均有杀灭作用。

参考文献

[1] 李德发. 猪的营养（2 版）[M]. 北京：中国农业科学技术出版社. 2003.

[2] 余斌. 生态养猪技术 [M]. 上海：上海科学技术出版社. 2012.

[3] 郭亮. 无公害猪肉生产与质量管理 [M]. 北京：中国农业科学技术出版社. 2003.

[4] 张鹤平. 林地生态养猪实用技术 [M]. 北京：化学工业出版社. 2015.

[5] 王自力. 生态养猪 [M]. 北京：中国农业出版社. 2011.

[6] 朱兴贵. 养猪与猪病防治 [M]. 北京：中国轻工业出版社. 2014.

[7] 李铁坚. 生态高效养猪技术 [M]. 北京：化学工业出版社. 2013.

[8] 付友山. 养猪实用技术 [M]. 北京：中国农业出版社. 2017.

[9] 丰艳平. 绿色饲料添加剂的研究与应用. 湖南环境生物职业技术学院学报, 2003, 9（4）：319-322.

[10] 周贞兵, 夏中生. 功能性低聚糖在饲料添加剂中的应用 [D]. 湖南环境生物职业技术学院学报, 2001, 7（2）：6-10.

[11] 何华西, 王尚荣. 中草药饲料添加剂的开发应用 [D]. 湖南环境生物职业技术学院学报, 2001, 7（4）：39-42.

[12] 许美解, 何华西. 我国畜禽养殖业存在的环境污染问题及治理对策 [D]. 湖南环境生物职业技术学院学报, 2003, 9（4）：315-318.